2017
China
Interior
Design Annual

2017中国室内设计年鉴（2）

陈卫新／主编

辽宁科学技术出版社
·沈阳·

Amsterdam Orange
MR8009 series 阿姆斯特丹橙 C07
smart panel
8 key MR8009 系列
德国摩根
8 键 智 能 面 板

Cloud Gold
MR8009 series 云雾金 D23
smart panel
8 key MR8009 系列
德国摩根
8 键 智 能 面 板

Melbourne Purple
MR8009 series 墨尔本紫 C06
smart panel
8 key MR8009 系列
德国摩根
8 键 智 能 面 板

Hawaii Blue
MR8009 series 夏威夷蓝 C09
smart panel
8 key MR8009 系列
德国摩根
8 键 智 能 面 板

We strive to make every process for
each detail in high accuracy. It's
amazing that the mq8036 series
products have All-in-One property as
well as its high accuracy and fancy.
Apparently, its fancy is based on its
advanced technology

moorgen®

德 国 摩 根 智 能 家 居

moorgen
smart
control

德国摩根 智能遥控器

目
录

文化
教育

CULTURE AND EDUCATION

会所

CLUB

娱乐
休闲

CONTENTS

ENTERTAINMENT LEISURE

Sales Office of China Resources 24 Cities

华润二十四城售楼处

建筑设计：上海天华建筑设计有限公司

室内设计：李益中空间设计

设计团队：李益中、范宜华、熊灿、黄剑锋、欧雪婷、孙彬、叶增辉、陈松华、胡鹏

面　　积：2200 m²

主要材料：啡金石材、贵族灰大理石、钢化玻璃、银镜

坐落地点：沈阳

售楼处坐落于沈阳老工业基地铁西区，新的规划与改造变成当今铁西的发展主题。从2008年贾樟柯描写产业工人的《二十四城》到全国第五座华润二十四城的诞生，我们很荣幸能与华润带着情怀与故事来一起承接这样的"旧改"任务。

德国艺术家安塞姆·基弗说：我不是怀旧，我只是要记得。那么，你记得脑海中这样的沈阳吗？我们不想呈现老铁西，但更不希望遗忘。我们通过极度现代的线条与老铁西的红砖门拱产生强烈碰撞，思绪在两个时空里来回穿梭，被设置的树成为时空碰撞的调和剂，整个售楼中心空间诉说着时间、生命与人文……

我们将老工业时代的机械和照片陈设于空间，从前的画面被呈现，古老的场景被描述。如同历史的博物馆，不同的是，我们能如此惬意与安详。这里如同一杯浓郁的卡布奇诺，味道浓厚让人回味，我们不仅营造了空间的精致感与品质感，同时在这里重述文化写下故事。

华润二十四城售楼处

左：建筑外观

右1：正门

右2：洽谈区

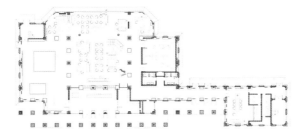

左1：中庭洽谈区
左2：书吧区
右1：沙盘展示区
右2：交通流线

Zhongshan Boda·Bund Sales Center

中山博达·外滩销售中心

设计单位：汤物臣·肯文创意集团

设　　计：谢英凯、吴川文、田芳、余江埒、郑枫洋、李莉、宋玥宸

面　　积：1657 m²

坐落地点：广东中山

摄　　影：Otto Au

在城市里，每一座旧建筑都藏匿着她的身世，人们对她的存在习以为常，这也成为理所当然对其忽视的借口。本案是由一座旧工厂改建而成的销售中心。设计师贯彻"公共性，开放性，趣味性"的设计理念，保留了原厂房的内部空间结构与砖墙肌理，以旧有锅炉洞作为参透整个空间的窗口，致敬旧厂房工业历史的同时，帮助业主在新的场地创造新的意义，建立过去与现在的和平对话。

整个空间呈现出贯穿全场的开放性：铁制立架垂直于洞眼之中，绿藤延绵而生，上下间的流动、无尽的纵深感与巨大的玻璃立面带来的通透性。在回望与重塑的平行时空中，你可领悟时光曾缓慢而轻盈游走的姿态。甚至你可选择暂时忘却时间的存在，专注每一个当下。旧墙体与锈板之间相互映衬，相互碰撞，是还原，亦是虚构。它们天生的体积感与质感之美，让人通过深浅各异的表皮变化得到对时间的感知。

设计师期望它不只是一个达成交易的临时场所，在未来，更可发展为具有公共性的社区生活起点。

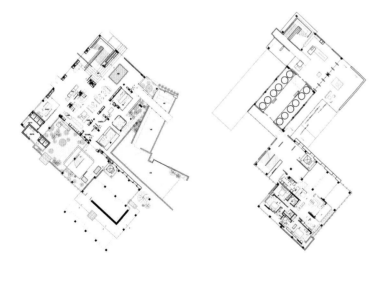

左：签约室细节

右1：半开放式签约室

右2：上下贯通的空间

左1：商务洽谈区艺术背景墙

左2：上下贯通空间

右：透过遗留的锅炉洞连接上下空间

Vanke City of Sky Sales Center

万科天空之城销售中心

设计单位：上海牧笛室内设计工程有限公司
主 设 计：毛明镜
硬装设计：王正
软装设计：廖蕾
主要材料：大理石、木饰面、铜、皮革
建筑面积：2500 m²
坐落地点：上海
完工时间：2016年12月

整体空间以"自然的一粒种子成长为一株小树苗，最终成为森林里一棵参天大树"为故事原形来串联空间设计，"以空间为底，让自然作画"。立面大量采用竖线条，呼应空间生长和树林的概念。洽谈区高耸的竖线木线条和书架，取意于由小树苗长成的森林，当自然光透过竖向线条，产生像树林里自然光影效果。沙盘区装置艺术吊灯取意于种子长成为一棵棵小树苗，同时将它进行了艺术加工和阵列处理，让它给人以无限想象空间。中央的雕塑是日本雕塑家 Tomohiro Inaba 作品，就像森林里一头自由而有梦想的小鹿。希望表达对自然美好愿望，就像案名天空之城一样。舒适咖啡厅空间，大型装饰画取意于森林里的水雾。

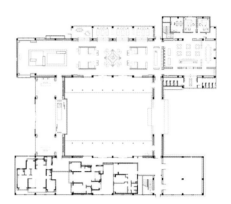

左：外立面
右1：大厅
右2：服务台

左：中厅
右1：洽谈区
右2：沙盘展示区

Weigang Reception Center

维港接待中心

设计单位：广州道胜设计有限公司
主 设 计：何永明
参与设计：道胜设计团队
主要材料：大理石、花岗岩、鹅卵石、生态木
坐落地点：广东东莞
面　　积：250 m²
完工时间：2016年12月
摄　　影：彭宇宪

销售中心前身是一个旧工业厂房，通高有5米，无过多承重墙，其结构多变性使得设计者可以往更多方向发展延伸。空间的整体设计风格为现代新中式，进门前台是一个纯白空间，白色棱角造型的前台，白色的木栅条间隔，刷白乳胶漆的天花，纯净得如雪般一尘不染。台面上摆置的一盘植物盆栽点缀得恰到好处，为整个空间增加一缕勃勃生机。

前厅左转，便到了一个极具中式韵味的过厅，潺潺流水，郁郁苍山，隔帘帷幔自天花顶部一垂而下，朦朦胧胧间可以看到户外光景。似莲花般的吊灯在帷幔之中穿插闪耀，一阵顽风轻轻拂起，时隐时现犹如仙子般在空中摇曳生辉。整个空间就如同一幅美丽的山水画卷，带着点点仙灵之气。过厅走尽，便到达主空间咖啡吧洽谈区，浅色木栅格装置带有一缕暖意，垂延而下的部分则具有置物作用，供给吧台使用。吧台是用灰色大理石拼砌而成，画上树的年轮，打上一盏暖光，渗透出自然气息让人迷离。

左：前台
右：水景过厅

左：局部

右1：洽谈区

右2：洽谈区

Central Park Sales Center

中央公园销售中心

设计单位：重庆尚壹扬设计

设　　计：谢柯、支鸿鑫、杨凯、刘晓婕、李东

陈设设计：谭税、徐斌、郑亚佳、张文娟

面　　积：2600 m²

坐落地点：重庆

完工时间：2017年3月

摄　　影：感光映画

方案立意"山水·诗意重庆"，力图通过抽象和写意手法体现大山大水重庆地景特征和人文情怀。因原有空间较高，所以设计希望令空间更贴合人的尺度，所以采用了"在建筑里又做建筑"的方式来处理空间，这种方式又把重庆复杂而有趣的城市天际线和立体交通状况做了抽象体现。

"山"的意向主要体现在多边形的体块运用，入口处实体体块，项目展示区的天花是倒挂的镂空体块，洽谈区隔断则是更为轻巧灵动的"虚"体块，体块的穿插运用贯穿整个销售中心，使得原有大开大合的建筑空间多了很多变化。

"水"的意向，地面的灰色纹理石材做不规则拼贴变化，做出"水"的感觉。项目展示区的沙盘犹如水中的岛礁，不锈钢材质装置更像鹅卵石，整个组成一幅静态流动画面。

洽谈区做了架空两层，用实体和木隔断形式把空间做了很多有趣的分隔和变化，同时，组成了"桥"的意向，桥是重庆重要而美丽的城市元素，这样的"桥"，不但分隔了空间，更使得原建筑空间过大的尺度得到了消减，让人在空间中可以更安定。

空间的入口是整场的气韵起点，对于整个室内空间气质的定义从门的界面便开始了，一个通透轻盈门扇，把这里特有的诗性精神和艺术品结合，邀请客人们开启一场悠久历史传承、精湛技艺和独特创意的云上日子的旅程。门厅充满梦幻的旋律，用金属铜质的艺术装置，地面以及吧台通过材质和肌理的变化重组了一个自然的气象景观，营造一个梦幻的场所入口。

进入内厅，几个层叠的楼梯，和一个自然形态的芦苇荡意境的灯光装置，玄关设立突显层层递进序列感，呼应了入口的气韵同时也连接和收放了大空间。悬挂在整个内厅上空的是元素球灯，成为空间视觉焦点，数个圆形穿插构成的球体，覆以反光材质，依靠灯光的散射剔透晶莹。

"芦苇荡"的另外一面便是云上日子的殿堂，客人行走在不同区域，会产生不一样的视觉霓虹。空中悬挂的巨型云片装置"云上的日子"与地面湖景沙盘相得益彰，俯仰之间为顾客提供了艺术互动的体验。大厅区域尺度开放有力，温润流畅的线条在空间流动穿透，云片装置和线条之间，使人仿佛有种"影纵元气表，光跃太虚中"之感。洽谈区地面采用流云和水纹样地毯，材质和形式都增强了空间的无限感，半户外的区域使空间得到极大延伸，建立了湖区与建筑的关系，垂直流畅的浅木质结构勾勒了整栋建筑的立体轮廓。

两层的建筑实现了极其丰富的空间变化，交叠的挑空、工作室、水吧、会客区、体验中心、观景露台等空间有节奏地——舒展，与自然的结合既紧密又保持着恰当的分寸。

左：建筑外立面
右1：艺术装置
右2：接待台

左：沙盘展示区
右：空间局部

左：空间细节
右：洽谈区

One Majesty

天悦壹号

设计单位：无间建筑设计有限公司
设　　计：吴滨
面　　积：2503 m²
主要材料：石灰石
坐落地点：北京
完工时间：2017年5月
摄　　影：孙骏、隋思聪、设计腕儿

穿过建筑回廊，进入室内，前厅与内厅形成叠进的关系，前厅空间体量被有意识的控制，使得远处抽象的山水叠影压缩在有限的视觉导向中，形成先抑后扬的序曲，纳入生动气韵。门，作为空间的边界，成为这个空间的精神载体。门套的线条形式来自"门"的繁体字的抽象演绎，门套下方嵌入式的壁灯高度特别设置成与东方庭院地灯的高度一致，呼应着当代与传统。

空间中反复出现的大尺度立柜成为虚实相间的墙体，立柜上方的铜制吊灯，灵感来源于东方传统的提篮，巧妙地融合了装饰和空间的关系。立柜隔板棉麻包裹发光亚克力，加入铜制结构件，灵感源于周朝礼器，构筑东方礼序。入口接待区楼梯盒子，黑色橡木表皮包裹着白色表皮，黑白线条之间，勾勒出建筑的雕塑感。

展示空间大面积留白，亚克力墙面形成的抽象留白空间"无为而有所为"，突出沙盘本身，且形成不同区域墙体之间的变化。为了让整个空间更富张力，展示区域顶部设置了大型金属线性装置，强烈的张力与极致的内敛，让这个区域收藏整个空间最深邃的气韵与最阔远的时空。洽谈区运用图书馆概念，顶天立地的铜网格和书架成为空间模糊的界定，形成空间通透的视觉点和纵深感，大面积的墙面留白为之后的细节营造预留空间。

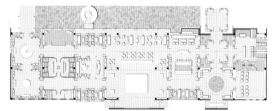

左1：室外
左2：门厅入口
右：接待台

左1：细节
左2：楼梯空间
左3：卫生间入口
右1：沙盘展示区
右2：洽谈区
右3：大尺度立柜成为虚实相间的墙体

Skynet Shanghai C&D Exhibition Center

Skynet 上海建发展示中心

设计单位：KLID达观国际设计事务所
设　　计：凌子达
参与设计：杨家瑀
建筑面积：400 m²
坐落地点：上海
完工时间：2016年8月

项目位于上海北外滩，江边第一排，地理位置极佳，是上海市外滩规划区域展示展览馆。上海曾经是个渔村，清代辟为商埠，成为贸易大港。上海被迫开埠后，帝国主义纷纷侵入上海，他们在上海竞相设立租界，建造了大量的房屋建筑和设施。整整一个多世纪，上海成了外国侵略者冒险家的乐园。经过数百年的发展成为当今世界知名的大都市。项目空间设计渔网随风飘落入水中随波摆动，勾勒出流动的线条，将撒网的动态感运用在设计中，从下往上看就像一张巨网伴着清风从天而降，将整个空间包裹在其中。

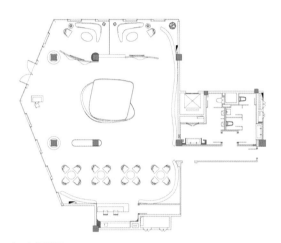

左：大堂休闲区
右：休闲区局部

左：接待台

右1：洽谈区

右2：局部

右3：沙盘区

Yongwei Nanyue Sales Office

永威·南樾售楼处

设计单位：吕永中设计事务所
设　　计：吕永中
面　　积：1000 m²
主要材料：灰色石材、障子纸、白蜡木、胡桃木
坐落地点：郑州

两栋建筑，位置靠前的1号楼建筑风格类似北方气度的老式民居，整体呈条状布置，面积不大，初期需要满足售楼的基本功能，后期将成为小区会所之用。进入2号楼大厅后，右侧接待台设计成一个透空结构的水吧区，在其背后设置一道半透的"墙"，作为水吧的"天幕"。中式的秩序，对景、借景、游走，在不大的面积内实现步移景异。

原始的建筑是用混凝土做的坡顶，像传统民居的坡顶方式，折线进去，形成一折一折的造型，两侧上半部分是透空的，建筑师希望利用这样的形式，形成特别的光感氛围。在建筑改造中考虑的是，顶部的光线如果全部进入室内空间，功能上讲，会对室内沙盘的观看产生影响。同时，自然光的色温偏冷，尤其在阴雨天，不利于整体"家"的温暖氛围的营造。为了对自然光进行过滤并控制色温，在原有的建筑格栅之内增加一层纸屏，既柔化了光线，又弱化了原有建筑裸露格栅的粗犷感受。

建筑原有两侧格栅位置很高，在改造中，考虑人身处其中的感受，通过不同角度的推敲，将纸屏放低，在立面构成上有意识将纸屏的比例放宽，希望它能够呈现中原的"松"的状态，而不是南方玲珑的"紧"的状态。自然光通过建筑原有格栅投射到纸屏上，随着时间的改变，呈现出自然的丰富的变化效果。所有的屏风、格栅、墙板，都是放在整体系统里考量，经过有序的组织构建，并将家具工艺的手法运用到空间造型语言中去，用逻辑、严谨的骨骼关系，形成秩序，让秩序产生美。

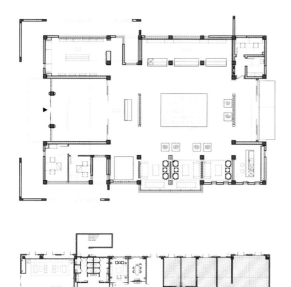

左：入口接待区
右1：洽谈区
右2：沙盘区

左1：格栅光影
左2：水吧区
右1：洽谈区
右2：过道

Greenland International Financial Center (IFC) Exhibition Center

绿地国际金融中心IFC展示中心

设计单位：上海飞视装饰设计工程有限公司
设　　计：张力、陈猛、戈朝俊、刘畅、邢翔
面　　积：2850 m²
主要材料：土耳其米黄、米兰灰大理石、白橡木饰面
坐落地点：山东济南
摄　　影：张嗣烨、金选民

本案坐落于济南中央商务区(CBD)内，设计灵感来源于曲阜孔庙的庑殿顶建筑形式，五脊四坡，穿插木榫结构交织其中，庄重雄伟。在传统和现代之间，寻得二者平衡，从传统语汇出发，取其意而不破形。

设计师将人和空间创造关系，给予人们的观感和体验是独特的，产生亲近感受：内与外的关系、建筑与自然的关系、传统与当代的关系，而这系列性关系却是围绕着提升人们的环境体验而展开的，成为身体的庇护所。设计师希望抛开一切形式和标签表象，将传统文化融入到当代中，传统元素的精湛提炼，演绎出极具现代感的艺术精髓，大气的木榫结构交织下，是光与影的交织，众星拱月、繁星点点，将自然之美与人文之美完全融合，在繁华都市下寻找一种宁静。

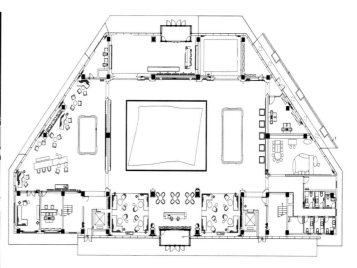

左：进门区艺术装饰
右：迎宾台

左：洽谈区局部

右1：沙盘展示区

右2：休闲区

Goer Greentown Life Experience Hall

歌尔绿城生活体验馆

设计单位：中合深美设计公司
设　　计：邱筱天、闫荣荣、陈永健
面　　积：3000 m²
坐落地点：山东潍坊
完工时间：2016年12月

设计以绿色生态为主题，自然的原木和绿植的融合，让走进生活馆的人们感受到扑面而来的大自然气息，20棵树的植入，让人与自然更加融合。同时设计充分考虑空间的可持续利用，集合了营销功能和生活体验的双重功能，一层为接待服务台、沙盘展示区、企业文化展示区、休闲区、烘培体验区和儿童活动区；二层与地下一层主要为健身与休闲区的所在，设计的介入，实现了各个区域体验性、功能性和美学的完美融合。

接待区打破了传统营销中心的模式，以咖啡吧的形式呈现，温馨近人的尺度和氛围即刻传达出来。为了切合环保主题，方便后续经营使用，让居者真正地去使用体验，设计师因势利导，以符合建筑特点和实际需求进行设计，选用可组合变化的家具，以适应不同主题场景的切换，洽谈区的布置如咖啡馆一般，温馨惬意。空间序列的承接部分是连接着三层生活空间的旋转楼梯，以原木为主导，绿色植物装点而成，灵动自然的过渡，强烈个性和整体感，形成深刻的感官印象和记忆点。

左：洽谈区
右：连接三层生活空间的旋转楼梯

左1：自然原木和绿植融合

左2：细节

右：空间局部

Shenzhen Bao'an Huaqiang City Marketing Center

深圳宝安华强城营销中心

设计单位：深圳高文安设计有限公司
设　　计：高文安
参与设计：李雪怡、石美桃
面　　积：1200 m²
主要材料：云石、木饰面
坐落地点：深圳
完工时间：2016年11月

华强城营销中心为致敬大航海时代之作，项目定位海洋主题。进门"枪炮玫瑰"造型的花艺，如鲜花绽放于炮口，结合流水侵蚀效果的迎客雕塑，足够让人耳目一新。沙盘区构筑了一个庞大航海主题，再现大时代波澜壮阔，是临海亲水的深圳"拥有未来"城市意志的体现。风格的呈现是如钻璀璨的时尚质感，同时从深圳渔村历史文化中得到借鉴。挑高天花上的巨型船灯，钢结构骨架是工业艺术的杰作。水吧，设计师从渔民归港时晾晒渔船的习俗中捕捉到灵感，朝天而立的梭形独木舟充当酒柜，戏剧化的视觉冲击力，在毫秒之间征服每一道接触它的目光。洽谈区，设计的巧思从航海时代的鸿篇巨制，落到烟火与人情味十足的深圳渔村风情。海浪的柔和线条，化作空间墙体、器具的柔美造型，宁静清雅中富含如潮汐流动的韵律。

左：沙盘展示区
右：俯视吧台

左1：洽谈区

左2：休闲区

右：酒吧

Hangzhou Huaxia Siji Sales Center

杭州华夏四季销售中心

设计单位：PAL设计事务所有限公司
设　　计：梁景华、Patrick Leung
面　　积：1230 m²
坐落地点：杭州
摄　　影：张骑麟

山水意象与四季交织，海云缭绕营造优雅，摒弃城市的喧嚣融合大气写意，设计师在创新发展的杭州未来科技城里，把从容与优雅灌注进"华夏四季"。穿过东方院落的形式节奏层层递进，迈步销售中心大堂是中式的文化底蕴融合现代的高雅，以新中式设计运用现代素材重新演绎中式的屏风及山水等古典元素，天花流动的线条牵引着空间的大气、宽敞和东方神韵。

跟着流水般的动线徐徐进入洽谈空间，走廊尽处的挂画成了轴心，平衡空间也延伸视觉；以素雅的木材揉合石材的自然纹理，展现空间简洁精致的同时，结合屏风的中式镂空线条及艺术摆置营造出东方的意境之美。既能让人倾以四季相待，亦不乏现代生活的舒适，将这种惬意随性的生活方式融合多功能厅，犹如被群山叠抱，把山水灵气带入灰白色调却不显暗哑，以弧线刻划整个天幕引入天然光线，映衬鸟儿齐飞环秀山庄的连续意象。

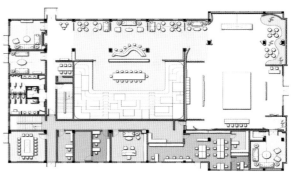

左：细节
右1：沙盘区
右2：空间透视

左1：洽谈区
左2：休闲区
右：VIP洽谈室

LVGEM. Mangrove Bay No.1 Sales Center

绿景·红树湾一号销售中心

设计单位：台湾大易国际设计事业有限公司
设　计：邱春瑞
面　积：1000 m²
主要材料：灰色人造石、意大利木纹、黑钛金
坐落地点：深圳

设计师在入口处以室外大面积的水景，企图化解周遭环境的繁杂，而使业主们在被抽离的境遇中感受到禅意和静谧的氛围。大厅区域与洽谈区结合，一条长桌贯穿整个空间，以其巨大的仪式感，升华了空间气场，使人们在空旷静谧的空间中，感受到敬意和尊重。同时大厅高层的挑高，浅木色格栅与白色亚克力嵌入其中，在墙面上所形成巨大体量感，以及垂挂于大厅中心的水晶挂饰与精致的黑色塘池，相互呼应，犹如清泉之水天上来，寓以聚财之意。沙盘区同样延伸了木色元素，同时压低了层高，使整个空间气场更加收敛、聚合。VIP洽谈区，细节上更加讲究，配置了挂画，强化了整个空间的文化性，座椅家私的选择也更具人性化和设计感。整个空间设计，与材质、光影、伦理、空间气场的收放聚散，不着一处，不留一痕，而将禅意和静谧的内核挥洒得淋漓尽致。

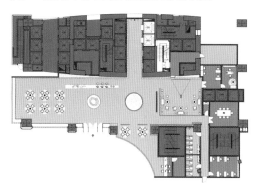

左：接待区
右：接待区背景

Sansheng Binjiang International Sales Center

三盛滨江国际销售中心

设计单位： 广州共生形态设计集团
设　　计： 彭征
参与设计： 谢泽坤、许淑炘、马英康、李灿明、郑瑾萱、高颖颖、朱云锋
面　　积： 2000 m²
主要材料： 大理石、黑色不锈钢、白色聚脲漆、黑镜
坐落地点： 福建福州

售楼中心，作为一个公共空间，必然含有展示的气质——作为整个建筑的解剖切片，它要展现未来使用者与建筑本身、环境乃至社会的关系。设计师从"山水"中获得灵感，同时注重城市界面和基地的延续性，以最大化利用江景资源为原则，水平流动的线条在空间自然舒展开来，合理规划出各个空间功能和动线，横向展开的线条和精心经营的画面，如同传统的中国横轴山水画，在多维一体的连续空间中步移景异，呈现出不同角度的美感。空间在开合、收放中自然地叙事，调动着参观者的情绪，以物理学中的"聚散效应"达到未来人员的分流，满足功能的同时最大化地丰富感官体验。

"白"让空间充满灵动和细腻的品质，以及随着光线的细微极差而不断变化的空间美感。又如同东方绘画中的"留白"，"留白"即给观者留有想象的空间。留白与着墨，至妙且停，是为留些余味。尽管现代主义设计源自西方，但它最终会与当地的文化背景相融合而形成水乳交融的"在地化"沉淀。

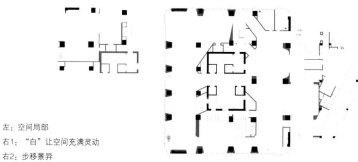

左：空间局部
右1："白"让空间充满灵动
右2：步移景异

左1：艺术装饰区

左2、左3：过道

右1：洽谈区一角

右2：白色让空间充满灵动与细腻

右3：沙盘展示区

Chang'an Dingfeng Yuejing Marketing Center

长安鼎峰悦境营销中心

设计单位：于强室内设计师事务所
设　　计：于强、毛桦
参与设计：廖秉军
软装执行：泡泡艺廊
面　　积：835 m²
主要材料：Bolon地毯、橡木饰面、布艺、镜面香槟金天花
坐落地点：东莞
完成时间：2017年5月
摄　　影：ingallery

空间的极致通透与建筑的简洁细致完美融合，在形态与结构中，营造出精致与梦幻，塑造独具魅力的梦境凉亭。空间内的功能关系和区划，通过简单的空间排列形成多种可能性。面向各个方面无障碍的视觉体验令室内外空间产生一个平稳的过渡。与自然的亲密接触，凉亭架构的巧妙设计，以及原版进口家居的新颖搭配，都令这个空间精致纯净而与众不同。建筑开阔的玻璃外墙让户外风景一览无余，空间之于建筑，建筑之于自然。光影、玻璃、木、纱帘与挑高空间的碰撞，这种梦幻而现代的设计语言被运用在此空间中，皆是对空间品质的表述。

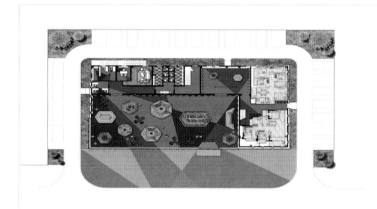

左：外景
右：洽谈区

左：细节

右1：空间透视

右2：局部

Guilin China Resources Center

桂林华润中心

设计单位：深圳朗联设计顾问有限公司
设计团队：秦岳明、肖润、方富明、何静
主要材料：白木纹石材、不锈钢、树脂板、金属漆木格栅
面　　积：1045 m²
坐落地点：广西桂林

设计师深谙桂林山水的本质，于是，在创作过程中提炼出"山""水""石"元素，用来表达对这片土地的致敬，并通过现代手法、水墨意象来演绎空间韵味。在喧嚣都市的中央，穿过树影婆娑，由窗外望向入口接待区，一幅山水画卷正徐徐铺展开来。室内外平滑如镜的"水景"缓慢过渡，别具匠心的艺术装置化成"远山"，串联起访客对于桂林山水的记忆。

步入接待区，你会发现远看融为一体的"山景"实则由两处艺术装置构成，一处位于窗前，另一处位于接待前台墙面。这样一个不经意的小细节，彰显出设计师的匠心与巧思。以墙面为界，一处携带桂林人文印记的雅致空间正等待你的来访。灵动而颇具气势的大型水晶吊灯与模型区两侧上部通过变化形成的山形纹理相辅相成，有如起伏的群山将人群视线聚焦至中心模型，勾勒出一幅桂林山水画卷。虽然室内空间宽敞，但设计师并未刻意用色彩将其填满，而是节制地选用不同灰度的卡其色贯穿整个空间，只在洽谈区点缀少量的普鲁士蓝、典雅红和尊贵金，墨彩交相辉映，于沉静中凝练出一派时尚优雅。

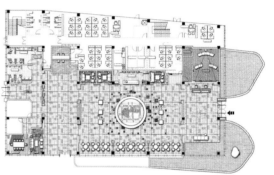

左：夜景
右1：入口接待区
右2：沙盘展示区

左：洽谈区局部
右1：空间透视
右2：商业模型区局部

Poly New Wuchang Sales Experience Center

保利新武昌销售体验中心

设计单位：广州普利策装饰设计有限公司

主 设 计：梁穗明、何思玮

参与设计：罗品勇、汪博、梁诗敏、杨亚会、江键韵、林梓彬、洪俊能

面　　积：1247 m²

主要材料：定制水泥板、木饰面、中花白大理石

坐落地点：武汉

完工时间：2016年12月

摄　　影：何思玮

侵蚀　风化

一种最原始　无形的能量置换

由生涩到交融依附

从坚实岩层本体过渡叠加

积压出连绵细沙

于随形　而磅礴

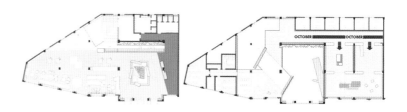

左：接待区
右：休闲楼梯

左1：洽谈区
左2：楼梯
左3：休闲区
右：空间局部

Romantic Metropolis of China Resources 24 Cities

华润二十四城之浪漫大都会

设计单位：李益中空间设计

设　　计：李益中、范宜华、董振华

陈设设计：熊灿、欧雪婷

面　　积：309 m²

主要材料：银白龙大理石、水纹银大理石、古铜钢、灰色绒皮

坐落地点：辽宁沈阳

项目定位于"古典与现代的交融；古堡与都市的交汇"，空间散漫、充满艺术情调，是绘画与摄影、音乐与戏剧、红酒与雪茄的交响。在空间功能布置方面，我们在满足基本的生活功能需求的同时，特别增置了户外观景庭院以及室内的水吧娱乐区、酒窖、雪茄房和影音室，凸显了主人的身份和品位。空间中运用了大量的亚光黑色木饰面、独特质感的硬包，利用局部的皮革衬托，体现出主人及空间的高雅内涵，不张扬，点缀的金色亮光金属，亦是一种时尚大都会的体现。古典线条的运用，与其他现代设计手法的交织和亮面的点缀，整体空间体现古典与现代都会的气质。项目的整体色调则采用红、黑、灰及钴蓝色来丰富空间的品位，再搭配多元素的文化特质。多元化的思考，将怀古的浪漫情怀与现代生活相互交融，既华贵典雅又时尚现代。

左：开放式空间

右：客厅局部

左1：餐厅
左2：一层书房
右1：负一层卧室
右2：负一层水吧与桌球区

Bomo Zhijing · Yuhai Peninsula

泊墨之境·誉海半岛

设计单位：HONidea硕瀚创研

主持设计：杨铭斌

设计团队：钟智豪、聂玉媚、潘嘉红

软装陈设：东西无印

主要材料：木饰面、白色乳胶漆、墙布、钛金拉丝不锈钢

坐落地点：佛山

完工时间：2016年10月

设计希望通过新中式的室内元素的气韵与悠静的户外园林相映衬。原建筑从入户门进入室内是一个两边墙体的独立玄关空间，设计师把两边原有墙体拆除后放置半通透花鸟元素屏风，以此把园林外的意境引入室内，同时与茶室的意境相得益彰。

6米高的客厅，通过空间梳理，运用对称简练的线面构成手法，确立空间中轴线，在立面上力求在疏密比例的线面衔接中做到延伸的细节追求，使原本不对称的背景墙更加和谐庄重。半通透屏风在空间中起着重要的隔断功能的同时，更是一道风景线，让游走在空间中的人犹如身临高山迷雾中，室外时而传来鸟鸣更是写意。

负一层去除管道层的高度约为4.5米，在如此尴尬的高度中做夹层固然会感到压抑，所以把走动较少的功能空间安置在夹层，通过镜面和灯光把空间压抑感减到最低。负一层同样延用一层的线面构成手法，品酒区保留层高做出中空位置。材料上做变化，加入肌理漆与钛金相搭配让空间色调更加丰富，在软装的点缀下更显高雅。主人房床头背景屏风水墨元素为空间的主视线，并以镜面延伸，虚实交错，增加了情趣丰富了视觉。天花四周的灯槽是整个空间氛围的渲染光源，犹如在月光底下那水墨般的丝丝白雾，飘散于空间中。

左：负一层吧台

右：一层会客区

左1：一层会客区局部

左2：空间透视

右1：负一层休闲区

右2：卧室

右3：衣柜区

金茂·佛山绿岛湖别墅样板房

设计单位：PINKI DESIGN美国IARI刘卫军设计事务所
陈设配饰：THE ARTIST大艺术家软装设计
总设计师：刘卫军
设　　计：陈春龙、黎俊浩
艺术主创：李莎莉
软装统筹：张慧超
面　　积：530 m²
摄　　影：李林富、曾朗

以新中式风格与现代手法为思维主线，配合中式禅意，使本案在文化气质上热情奔放又不失心灵归宿感。空间装饰相对简洁硬朗的直线条，选择具有典型红色的家具与造型装饰，搭配中式风格。直线装饰在空间中的使用，不仅反映出现代人追求简单生活的居住要求，更迎合了中式家具追求内敛、质朴的设计风格，使新中式更加实用，更富现代感。丰富的装饰细节是传统中式的升华，其中饰品可以体现主人品位，丰富空间的文化底蕴，这点在新中式上同样有所继承和体现。如会客厅沙发背景的中国古代服饰以艺术挂件的形式呈现，彰显主人文化素养与欣赏水平，硬朗的金属条与朴素的木饰面，动与静、刚与柔完美演绎。

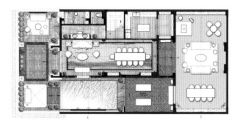

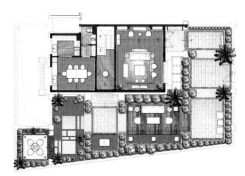

左：餐厅局部
右1：客厅
右2：客厅一侧

左1：生活艺术馆
左2：生活艺术馆局部
右1：卧室
右2：卫浴间

Shanghai Vanke Feicui Binjiang 300

上海万科翡翠滨江300

软装设计：LSDCASA设计一部
设　　计：葛亚曦
坐落地点：上海
面　　积：300 m²

金属线条堆叠造型的金属柜，给进入空间的人们第一眼带来不一样的视觉冲击，以大幅抽象装饰画为基底，交叠出艺术、先锋的格调。客厅设计更加偏向舒适的功能性，但仍不放过任何一个释放格调的细节。浅色 L 形沙发，精选 Andrew Martin 面料、迷宫布阵般的吊顶灯带、组合式裂纹茶几、石块般切割的书桌、20 世纪 70 年代的椅子、雕塑形式的边几，一切都试图在规矩中体现艺术性。

餐桌、餐椅与雕塑台拒绝传统的几何利角。大量的曲线打造手工美感，与顶面吊灯造型相互呼应。餐椅脚的竹节式样，简约自然，背后需要千万次的手工打磨，这份用心弥足珍贵。相较于别致的餐厅，主卧力图在舒适与艺术之间达到共振。紫金绿的色调显奢显贵，个性的五斗橱与高柜稍作点缀，不多不少。脚下的地毯仿佛是一幅装饰画，大面积地提升整个空间的装饰感。

左：玄关
右1：客餐厅
右2：客厅局部

左1：餐厅
左2：书房
右：卧室

Shanghai. Puxing LOFT Middle-sized model houses

上海·浦兴LOFT中户型样板房

设计单位：上海环唐实业有限公司
软装执行：上海丽凯装饰设计有限公司
设　　计：郭丽丽
坐落地点：上海
完工时间：2016年10月

人物设定：男主人30岁，音乐创作人，喜欢音乐，经常在家里弹奏音乐，创作歌曲。女主人29岁，服装设计师，偶尔会在家里设计一些作品。空间赋予男主人音乐创作人与女主人服装设计师的艺术触觉，各种设计语言和谐共处。空间状态简约沉静，讲究功能实用主义，风格则并置极度现代和古典。

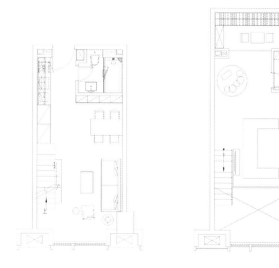

左：外立面
右：空间透视

左：一层客厅
右1：一层进门视线
右2：二层阅读区
右3：二层卧室区

Poly Gongqing Lake model houses

保利共青湖样板房

设计单位：广州道胜设计有限公司
设　　计：何永明
主要材料：灰木纹大理石、橡木、黑色不锈钢、实木条
面　　积：160 m²
坐落地点：广东阳江
完工时间：2016年7月
摄　　影：彭宇宪

自然造物，定是不负众望。本案坐落于广东阳江市风景秀丽的共青湖岸，依群山环绕而建，随碧波荡漾而起，尽享大自然慷慨馈赠。推窗远眺，便可鉴赏"湖上春来似画图，乱峰围绕水平铺"这如诗般宁静安逸的画卷。偷引一缕湖蓝，投掷室内，便可明镜止水皓月禅心。

世间繁华，却原来都在于挥毫之间的浓淡。设计师怀着一腔浓烈的东方情怀，特意从古典瓷器——冰裂纹中萃取出优雅的湖蓝色系作为整个空间的主色调，以此贯穿，引领我们去品味源自东方古典的雅致。

湖蓝色是灵动、宁静、优雅的颜色，在本项目中被普遍运用到抱枕、坐垫、床品以及瓷制花器之中，给予人们干净、舒适的视觉感。在设计师心里，木材则是有生命的，所以对其尤为偏爱，从客厅的硬装造型延续到家具的骨架结构都是用木材来塑造，甚至于客厅的大理石地板铺砖都偏向于浅木色。在大量浅色系木材铺装与湖蓝色布艺相互融合之下，空间一片纯净舒朗，不见刻意雕琢，没有固定符徽，但是却不约而同的沁散动人温度，仿佛淡淡浮现居住者的温馨日常，画面里染着愉悦气息。

左：细节
右1：从餐区眺望客厅
右2：客厅

左：卧室
右：卧室

Nobilia House

柏丽之家

设计单位：大观自成国际空间设计公司
设　　计：连自成
软装设计：大观·茂悦国际装饰设计
面　　积：174 m²
主要材料：苹果灰石材、不锈钢玻璃、胡桃木、烤漆板
坐落地点：上海
完工时间：2017年1月

这是一个2300平方米的商业空间内运用其全系列产品设计一处170平方米的家。如何能在华丽的商业场所内打造令人心动的家？设计师有其独特的理解和认识：未来可以在这里遇见。这个家位于上海宜山路德国橱柜品牌柏丽整体家具定制中心内，突破了原有展厅以局部厨房概念展示更多产品的方式，将客厅、厨房、卧室、书房等实际生活场景融入其中，给人完整的居家体验。功能的规划布局由主人的生活行为和设计师的潜在引导所决定。在过去的空间设计中，人们强调独立性、私密性，强调个人空间，因此空间的规划也以此为中心来划分明晰功能区。但随着电子科技的介入，设计师发现，不同功能区的划定让家庭成员变得疏离，沉浸在各自小天地却忽略了家庭成员间的沟通和交流。如何设计才能让家变得温暖起来，增进家庭成员情感的传递，增加互动交流是设计本案的主旨。

"重新回到客厅吧！"这是整个空间规划的核心，把客厅作为家庭生活的联结点，打开公共区域、规划不同功能，让家人从书房、厨房、卧室里都走出来，聚到一起。刚至玄关，就能透过温暖的壁炉隐约看到客厅内的情形，会客区域与餐厅、西式厨房连成一片，自由开放的不仅是空间，更是视觉和心灵的感受。阅读工作区的设计很特别，书桌与厨房中央岛相接，把移动办公的男主人和负责烹饪的女主人巧妙地安排在了同一空间内，这是相互欣赏，更是快乐分享。在空间规划的基础上，软装担任的灵魂角色不可小觑，直接传递着空间的情感，展现着生活的痕迹，让整个家变得具有趣味性和个性化。

左：玄关与温暖的壁炉
右1：客厅
右2：书桌与厨房中央岛相接

左：客厅
右1：阅读区
右2：衣帽间
右3：卫浴间

Vanke Feicui Park villa model houses

万科翡翠公园别墅样板间

设计单位：深圳创域设计有限公司
软装执行：殷艳明设计顾问有限公司
设　　计：殷艳明
参与设计：文嘉、万攀、周燕黎、周宇达、梁深祥
面　　积：450 m²
主要材料：玉石、茶色不锈钢、皮革、树脂板、墙纸
坐落地点：四川成都
完工时间：2016年12月

整栋别墅共有五层，设计师根据三代同堂的居住要求，划分出合理动静分区，并在地下一层、地面一、二层之间分别打造出两个挑空中庭，以增强不同层面空间的穿透与流动，保持轻松、明亮、通透的空间感受。客厅处理简洁利落，装饰构想独具匠心，细节精致考究。楼梯处采用透空的设计手法，联系一、二层挑空的中庭。中庭设置餐厅，与客厅连通开放，增加了同层空间的通透。负一层增设夹层空间，下沉庭院、会客区、台球室、影音室和棋牌室一体化设计体现多重娱乐功能。

设计师独具匠心，将二层空间打造成私密性及尊贵感十足的老人房和儿童房套间。三层主卧空间宽敞舒适、沉稳大器，整个空间展现出一派山间云卷云舒的意向。独立的衣帽间设计优化布局，提升使用体验感。四楼采用透空的设计手法连接书房，空间整体富有趣味性。顶层增加儿童娱乐的星空露台，满足亲子活动的需求。整体空间以暖灰调结合原木色为主，局部不锈钢强调空间线性结构，贯穿各个空间的朱红、赤金、群青、苍色、藏青点缀，让整个空间在一派敦厚宽容的沉静中，又生动活泼起来。

左1：会客厅
左2：入口处
右：餐厅

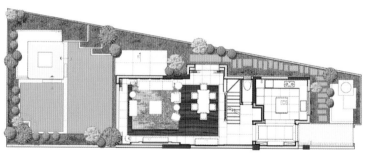

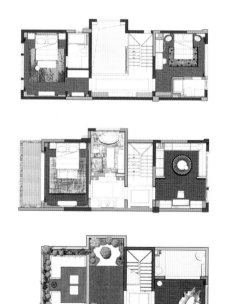

左：会客厅
右：挑空中庭

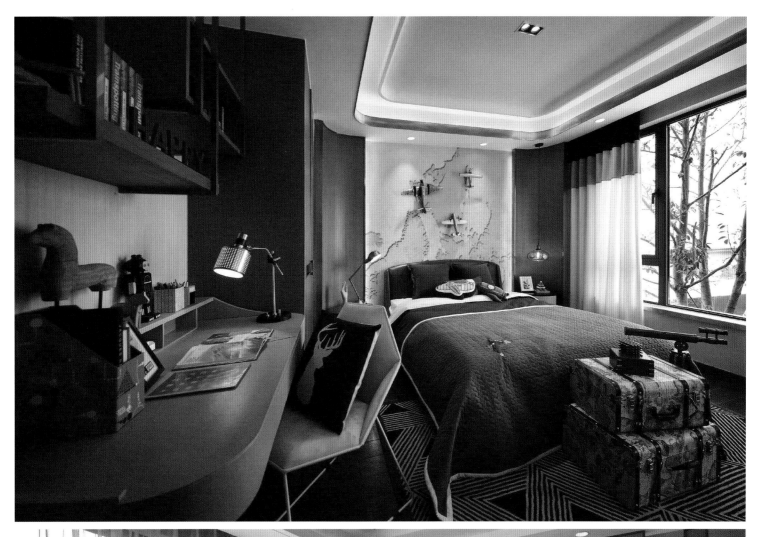

左1：书房一角
左2：卫浴间
左3、左4：细节
右：卧室空间

White·Meijing Dongwang villa model houses

小白·美景东望别墅样板间

设计单位：HSD水平线室内设计有限公司

设　　计：琚宾

参与设计：刘胜男、陈道麒、葛丹妮、聂红明、秦雄雄、吴晓婷、刘小琳

面　　积：500 m²

坐落地点：郑州

完工时间：2016年10月

摄　　影：井旭峰

很多年以前听过一个关于豆腐汤的故事——用各式好料熬就，最后只取汤汁，放几块老豆腐吸油、正味，端上时，看上去就是一清爽简单的豆腐汤。我给这套房子起名为"小白"，很简单的名字，是描述，也是定义。从建筑阶段开始的设计总是会比平常的多出一些可能性来，有围合的下沉式庭园，有伴着庭园的廊桥与回廊，有挑高的会客空间，有可以用于放空的天井园林，也有空间之间的透、露组合，给予后期多重不同体验的空间形式。当这些空间的基本元素组合出动线的同时也形成了这个住宅的性格与表情。墙与墙本身，与家具、与艺术品的关系通过建构对话，光作为伴奏始终参与其中，形成一种语言，空的语言。"小白"，是真实的空间对话。

其中的多处留白，是对空间本质的呈现，也是对情境塑造手法的剥离。建筑立面在地性十足的黑灰色石材，空间围合构建的氛围，以及以后生活方式的倡导，都在试图指向某种更有精神层面意义的中国乃至东方。为了使室内气韵有音乐的变化，我借屏风这个载体，给空间映了种颜色，其上抽象后提取的荷叶、荷梗图案，既有美观功能同时也兼顾了文化属性。陈设品中的陶罐、木雕、石雕对应着传统审美的高古与拙美。空间中有空性，空性中透着静寂，静寂中并无凝滞，内在跳跃。整体空间追求光明而非明亮本身。在我看来，光明感是种不可或缺的从容，是内心的向往、情绪上的激荡，是一种气魄和精神。

左：客厅空间透视

右：客厅挑高

左1：客厅
左2：餐厅
右：负一层休闲区

左1：一楼交通节点
左2：三层书房局部
右：卧室

D-unit in Yin Ma Chuan of the Great Wall

长城脚下饮马川D户型

软装设计：深圳布鲁盟室内设计
设　　计：邦邦、田良伟
面　　积：130 m²
坐落地点：北京

运用现代设计语言，打破大多数人所定义的"奢华"，老木、粗麻、石头、腊染等自然元素皆成为经典的美学意向，朴素温和地融合了当地的自然风光与人文情怀。质朴的材质，开放通透的空间，最大限度的与美景结合，呈现了自然的力量和意趣，这种真正的度假氛围满足了都市旅行者贴近自然的愿望。

公共空间以周边的自然景色为设计灵感，材料运用了大面的自然肌理漆、木质元素以及石材，原始粗犷的木质加上敞开的空间，内外景色互相映衬，相互交融。大胆选用了形态松软的布艺沙发与藤编艺术手工家具，局部点缀老木头家具，为室内空间带来更为淳朴的氛围，大量的天然装饰让人有一种置身于自然的恍惚感。大规格的鹅卵石挂画是设计的主题亮点，搭配珊瑚树绿植给予空间无限的生命气息。

透过大面积玻璃窗上垂吊的鹅卵石串，可以欣赏到屋外长城脚下壮阔磅礴的景色，不论是在沙发上冥想，还是坐在粗麻椅上发呆，甚至是窝在被窝里休憩都让人感到无比惬意。卧室区利用手工藤编及粗麻编的小物件搭配现代简约家具，融合自然与时尚，形成和谐混搭风。

左：外立面
右1：开放式空间
右2：休闲区

左：通透空间

右1：餐厅局部

右2：卫浴间

Zhuhai International Garden Villa

珠海国际花园别墅

设计单位：深圳高文安设计有限公司
设　　计：高文安
参与设计：李雪怡
面　　积：562 m²
主要材料：世纪米黄云石、实木、肌理漆、木百叶
坐落地点：珠海
完工时间：2017年1月
摄　　影：KKD推广部

本案以现代休闲作为设计构思，结合东南亚民族岛屿特色，不同于欧式的奢华和中式的平和，东南亚风格的用色与丰富的生活情趣更能营造浪漫氛围。客厅，印尼古董雕花木门，关上是百年历史的惊鸿一瞥，推开是包容"夏花之绚烂，秋叶之静美"的秀美生活。双会客区与挑空二层的设计突显大宅的阔气，室内装饰吸取东南亚风格精髓，弱化了宗教色彩，同时融入了时尚简雅的现代元素，在清净幽谧中守住一片繁华。

餐厅，立面处理手法上多用木材、肌理漆及石材，选用木色、米白色的家具呼应自然、舒适的空间基调，搭配东南亚民族服饰做成的墙面挂画，海洋风情的海螺吊灯，营造海边度假的浪漫情调。地下娱乐区，通过空间功能分布的流线关系来组织布局，围绕着采光花园，书房、健身房、影视室、品酒室贯穿连通，以现代简约的设计手法铺陈场面，浓烈东南亚色彩的元素符号仅作为点睛之笔，结合天光云影与灯光的变化，营造出一步一景的东南亚风情。

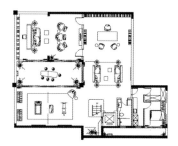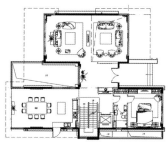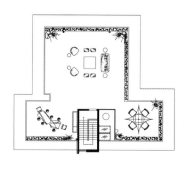

左：玄关
右1：客厅
右2：餐厅

左1：地下花园
左2：健身房
右1：活动室
右2：卧室

Encounter of Armani

阿玛尼的邂逅

设计单位：HUA ART华筑壹品艺术陈设机构 & SUN设计事务所
设　　计：孙洪涛
参与设计：张志娟、刘倩
面　　积：246 m²
主要材料：木饰面、纺织品、玻璃
坐落地点：重庆

本案位于重庆，选用了庄重、沉稳、优雅的阿玛尼为主题，试图塑造一个简洁干练，又不失内涵的气质优雅的家。选用火山岩的灰色、接近于沙的白色、神秘的黑色、岩石的灰褐色、古铜色等低调中性的色彩，通过不同触感的纺织面料，来诠释房子主人的沉稳与干练、优雅与柔美。同时也融合了金属的硬朗，以表现不同的质感和力道。各种质感不同的纺织品有着精致的细节和典雅深厚的色彩，无一不为这深邃的空间增添了色彩，绽放出它的美丽。

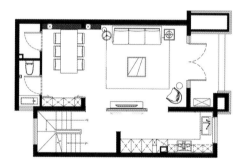

左：餐厅局部
右：地下室休闲区

左：儿童房
右1：主卧
右2：客厅

Foshan Lingnan Tiandi. The House for Arts Collection

佛山岭南天地·艺术收藏之家

设计单位：广州共生形态设计集团
设　　计：彭征
参与设计：梁方其、陈泳夏
面　　积：390 m²
主要材料：浅色木饰面、白色烤漆板、天然麻质墙布、大理石
坐落地点：广东佛山禅城
完工时间：2016年12月

本案设计难点在于原本为一栋四层的别墅被拆分为上下两个单元销售，一二层由于带有入户花园及部分地下室，使得销售非常理想，相比之下，二三层则显得生活功能不够完整连贯。设计师另避蹊径，没有遵循常规住宅别墅的标准方案，而是结合古城区当地浓郁的商业业态和艺术氛围，将空间定位于与收藏艺术息息相关的艺术工作坊，并赋予空间工作、展览、居住、社交等复合功能与故事性。

位于二层的会客接待区通过大胆中空处理，改建成 7 米挑高的前庭，不仅使入户空间恢宏大气，亦将四层的自然光引入，两层高的装饰隔断柜不仅成为入口的玄关，亦将上下空间巧妙连接，石狮子、长茶台、绿苔藓、白沙石等材质与灯光营造出宁静悠远的艺术氛围。

三层艺术家工作室，开放式的空间通过装饰隔断柜将空间区隔成陶艺坊和鉴赏区，此外还配有一间休息室。这里还将是各种艺术沙龙和亲子活动的小型聚会空间，在这里，每一本书、一束花、一件艺术品，不仅意味着一次历史和趣味的探索之旅，也是时代与人文的印记，重要的是，我们回归最本真的生活状态，拥有最开始的那份初心，听雨落，看花开，悟出浅浅的生活美学之道。不到 80 平方米的地下室被充分利用，这里是艺术藏品展示、品鉴和洽谈的私密空间。

左：二层休闲区
右：二层进门挑高前庭

左1：负一层洽谈私密空间

左2：三层开放式艺术家工作室

右1：负一层艺术藏品展示

右2：细节

Yuanyang Zhaoshang. Shangtang Chenzhang model houses

远洋招商上塘宸章样板房

设计单位：杭州易和室内设计有限公司
设　计：李扬、潘徐辉
软装设计：杭州极尚装饰设计工程有限公司
设　计：许彦文、巩建梅
面　积：98 m²
主要材料：大理石、木饰面、金属、墙纸
坐落地点：杭州
完工时间：2017年5月
摄　影：林峰

在高级灰的主调下，任凭灰蓝、灰咖、米灰自由穿梭。金属与大理石外表下的冷酷质感、纺织布艺的温柔亲肤与皮革制品带有的手工温度，交缠错综，刚柔相济。定制壁炉与优雅的 Minotti 沙发，隐约显露出居所主人优越的品位。富有建筑与几何图案的挂画，极具现代感的家具与温润的木质地板和谐搭配，散发着 Armani 从简单当中发掘奢华的含义。正如 Armani 的精髓，搭配原本很简单，优雅也可以不费力。

餐厅，Roll Hill 吊灯与 Poliform 餐椅演绎着绅士优雅的风范。在色块鲜明的抽象艺术挂画的映衬下，体现出雅痞式的幽默。主卧色彩沉稳不失活力，黄铜和皮革造就空间的质感，也如同雅痞们的坚毅果敢、踌躇满志。他们没有颓废情绪，一心追求奢侈舒适的生活。都市雅痞们的下一代，也必将是特立独行，善于接受新事物的。所以在儿童房的设计中，加入了时下流行的乐高元素，不同色彩的积木条，不仅增添空间趣味性，也拉近了父母与孩子的距离。

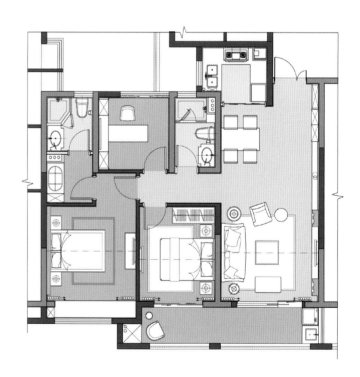

左：餐厅局部
右1：客餐厅背景墙
右2：客厅局部

左1：客厅局部
左2：书房局部
左3：细节
右：卧室空间

Qianhai Dong'an Garden model houses

前海东岸花园样板房

设计单位：洪德成设计顾问（香港）有限公司

设　　计：洪德成

参与设计：蒋莹、张人凡

面　　积：89 m²

坐落地点：广东深圳

左：客厅过道

右：客厅电视背景墙

时尚乃永恒的话题，也是彰显个性之所在。时尚大帝卡尔·拉格斐说过："想要做到不可替代，你就必须与众不同。"通过对时尚的全新解读，设计师运用"少即是多"的原则诠释不一样的时尚。整个空间浑然一体，简洁流畅的线条贯穿室内空间，给人带来沐风般的自然气息。极简风家具，处处体现设计的智慧及人文精神，设计师不走寻常路，将沙发巧妙地嵌入茶几，格子柜不再是方方正正的设计，每一层都有优美的弧线转折。巧妙的收纳成为设计的又一大亮点：客厅的柜体、书房的床榻以及卧室电视背景墙，不一而足。

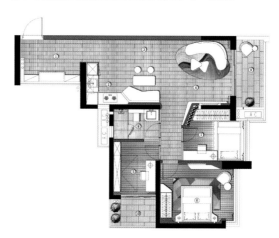

左：客厅过道

右：客厅电视背景墙

左：开放式餐厅
右1：儿童房
右2：主卧

Beijing Courtyard One

北京壹号院

设计单位：DIA 丹健国际

空间设计：张健

陈设艺术：谈翼鹏

参与设计：周晟、邵俊兵、张卫

户型面积：500 m²、420 m²、300 m²

主要材料：雅典娜灰、珊瑚海、染色木皮、不锈钢

坐落地点：北京

完工时间：2016年8月

摄　　影：罗文

左：建筑外立面
右：空间透视

这个位于三环大湖边，毗邻北京朝阳公园、三大使馆区，被视作融创 TOP 系标杆产品的豪宅项目，因为最高成交单价已经接近 30 万元，被誉为中国豪宅的"顶豪之王"。在这个项目中，设计师摈弃了过往豪宅设计惯用的装饰繁复、金碧辉煌等手法，采用国际化的简雅风格，凸显空间的精英品位。财富的积累与社会上的成功给了这些富豪们足够的自信，他们不再需要那些张扬的、烦琐的、炫耀式的符号来凸显自己的地位，多有海外生活背景的他们对自己的审美充满自信，更加关注内在的精神世界及切实需求。私密、温暖、现代化、国际化以及独特个性成为他们对居所的核心要求。设计师大量使用亚光面、皮革、茶色金属以及布艺软装，配合素色材质，融入国际化设计手法，强调精英品位的同时，着力打造空间的舒适性与实用性。

北京壹号院的建筑设计在玻璃幕墙式住宅和大平层官邸的成熟理念基础上进行了创新，利用曲线穹顶的设计搭建出顶层的复式空间。室内设计时在复式上层室内的设计中充分利用这一独有的建筑特色，玄关、客厅、餐厅这三个家居中较为公共的功能区域围绕室外庭院依次展开，黑色与白色体块在庭院室内围墙处产生交错穿插关系，强调了特色庭院在整个空间的主导地位，体现出设计师对空间的高度敏感性。层叠的天花及简雅高冷的配色强化了穹顶的存在，最大化引入室外怡人景色。复式下层主要为供家庭内部使用的卧室、卫生间、起居室，设计手法以体现舒适性、私密性为主。材质的选择多用染色木皮、地毯等，配色多用令人宁静的灰色及棕色，带来舒适安静的感受。

左：复式上层餐厅

右1：复式上层书房

右2：复式下层卧室

Muyun Xigu Yuexi Jun villa model houses

牧云溪谷悦溪郡别墅样板房

设计单位：深圳市盘石室内设计有限公司
　　　　　吴文粒设计事务所
陈设设计：深圳市蒲草陈设艺术设计有限公司
主案设计：吴文粒、陆伟英
参与设计：陈东成、林湛、刘婷婷
面　　积：1200 m²
坐落地点：深圳
完工时间：2017年1月
摄　　影：张静、李林富

现代意义的居所，应该是一个现实版的乌托邦，一个充满生机的美梦，集居家、办公、创意和社交空间融为一体，在这个多功能的空间中，艺术、文化、商业、居家属性可以随意切换。多元功能满足，多元文化取向，多元价值观，多元审美，设计可以抛开一切形式和标签的表象，以足够广阔"胸怀"来承载更多的"人的诉求"，呈现生活空间中细微的感动。

现代精神和古典气质之间的跳跃，演绎一场时间与空间的变形记，跳脱风格与材质、色彩的束缚，以冲淡的精致叠加深厚的底蕴，在多与少、深与浅、古典与创新之间，轻柔踱步，将浪漫与理性这一似乎天生绝缘的两面进行了有效控制，以别致的手法，营造了一个不造作、不浮夸、不喧嚣的"轻奢"空间。

左：中餐厅
右：会客厅

左：西餐厅

右1、右2：局部

右3：卫浴间

Serenity within

象外 · 界静

设计单位：台湾近境制作
设　　计：唐忠汉
主要材料：观英石、国画石、白洞石、黄金柚木、绷布
坐落地点：台北
摄　　影：李国民

设计以原生环境之自然景观于空间中，泉、木、树、石意象为根本，带予空间勃勃生机；同时刻意选用与建筑外观相同材质之洞石、柚木及莱姆石，传达一致的朴质温暖人文形象，却以不同排列建构，重新诠释内空间。

晶房：借由入口轴线延伸至底，借景室外老树绿荫如画。运用足够的空间高度，材料语汇以垂直向度分割，加强视觉经验。

玉房：大面窗景充分引入自然景致，电视墙放低串连起居室与卧室，入房后绿意尽收眼底。浴室双入口回形动线，温泉池上方天井同时带入大量日光，浴室处于客房最明亮的位置，宛如心脏，强调借日光天色而心境沉淀的体验。

碧房：局限于无大面对外窗景，转将原有楼板开放，重新建立与外在光的互动。天井下方一株白水木，玄关后入眼可见，奠定客房之仪式核心；利用片墙脱开，无论身处起居室或浴室，皆与天光、与树保持连接，如置身于自然。起居室及卧室采取回字动线，借视觉串连放大格局。沐浴区上方光线洒落，净身亦静心。

左：大面窗景充分引入自然景致
右1：从室内看天井
右2：起居室

左1：书房
左2：空间透视
右1：温泉池
右2：浴室

Feel at Home

居心地

设计单位：ACE谢辉室内定制设计服务机构
设　　计：谢辉
设 计 师：王琦琅、石路
面　　积：330 m²
主要材料：石材、三层实木地板、墙纸、进口涂料
坐落地点：成都
完工时间：2016年8月
摄　　影：张琦麟

原建筑为 15 年前所建，由于原始户型的客厅较闭塞，楼道空间划分不合理，所以在空间处理上，去掉了储藏间与厨房的墙壁，将客厅与厨房连通，形成一个无阻隔的公共交流空间。同时，根据业主用餐习惯，将用餐区与西厨合并，统一空间规划，通过对楼梯间改造，让光线进入二层较暗楼道，空间面积配比合理，紧凑而和谐。

原有餐厅区域被改造成品茶区，闲来时在阳光下团坐于榻榻米上，几口清茶、摆弄小玩物或与家人闲聊。这个空间最为女主人所爱，也成为家人放松休闲之地。喜爱深夜阅读的男主人希望有一处私密阅读区，在书房中我们为男主人打造了一个静谧的阅读空间，不管白天或是黑夜，光线与形成包围感的书柜以及为阅读者精心挑选的阅读躺椅，都为男主人找到了一处自由放松之地。

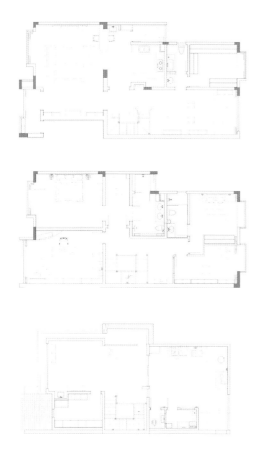

左：局部
右1：客厅
右2：客厅过道

左1：书房
左2、左3：书房局部
右1：休闲区　　右2：主卧

Nantong Chengshi Jiayuan

南通城市嘉苑

设计单位：香港伟麟室内设计有限公司
设　　计：朱赋猷
面　　积：500 m²
主要材料：拉丝榆木、黑胡桃木、地砖
坐落地点：南通
完工时间：2016年10月
摄　　影：潘宇峰

黑与白是一对矛盾体，色彩高度简练的表达形式和简约主义的体现。白色纯净明亮，给人平静之感；黑色高贵且深邃，给人神秘之感。虽然是简单两色，却能给人想象空间。

利用原建筑结构，通过功能布局、空间塑造，来模糊门厅、客厅、餐厅等功能空间。同时处理垂直楼梯的统一性，与每一层楼梯平台的连贯性来连接各层，延伸空间，达到多样的空间变化。运用黑白主调，比如在一层客厅与餐厅的空间转换中，地下层红酒房、娱乐室以及功能走道的空间转换中，大面积采用黑白色系，通过大小、疏密、聚散、曲直等变化使黑白两色和谐相容，赋予空间优雅气质。

材料运用上，使用榆木、黑胡桃木，体现黑白关系的同时增添居家温馨感。配以织物、金属物、石材以及玻璃等元素，形成精致的搭配。点缀的紫色、玫红、米色耀然而出，让颜色在黑白的基调下演绎出别样风情。

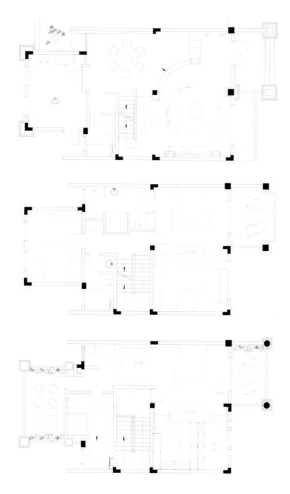

左：过道玄关

右1：客厅

左1：休闲区

右2：餐厅

右1：书房

Keppel Sheshan Riviera Villa

吉宝佘山御庭别墅

设计单位：IADC浗澳设计
设　　计：潘及
参与设计：路明鑫、唐韫慧
面　　积：530 m²
坐落地点：上海
完工时间：2016年11月

"空间是捕捉光的容器"，进入室内伊始，翘首的观者大概都会为了那从挑高的天窗荡漾而下并且时刻处在运动中的光线心生新奇。其实，这是设计师巧借三楼露台游泳池的底部景观，让旖旎的波光透过天窗进入客厅达到的光影效果。"水总是永远不断更新的"，Paul Valery 曾如是说，池水的不断运动带来光线的无穷变化，在这种无法预知的自然变化中诞生出灵动之美。与此空间中的自然美学主题相对应，客厅的中央选择悬挂的动态金属艺术作品轻盈灵动，只要轻轻开启一扇窗，在空气的呼吸之下，它就会像风鸣琴一样在室内歌唱起来。作为向自然致敬的抒情之作，当它的金属翅翼微微振动，居所一天之中的旭日与暮霭也随之反射和跳跃，生命的运动周而复始，最后又回落到最初。

"光、空气和水"的自然要素是现代主义的有机建筑中必不可少的界定成分，除此之外，"每一个空间还必须由它的结构来界定"，为此，设计师对原户型的分隔进行几处重构，譬如：将一层和地下室的公共区域原本琐碎、保守的格局调整为更开敞、通透的空间；将一层两处原本分散的楼梯口规整置于同一个天井内，既扩展可用面积，也利于更多自然光进入地下，由天井围合而成的地下中庭的绿植景观也成为融通人居动线的一处视觉中心。

左1、左2：细节

右：客厅

左1：客厅　　左2：餐厅

右1：主卧　　右2：厨房

Central Park physical houses

中央公园实品屋

设计单位：山景空间创意有限公司
设　　计：黄书恒
参与设计：詹皓婷、萧洛琴
软装布置：胡春惠、杨惠涵
面　　积：304 m²
主要建材：白色钢琴烤漆、亮面黑檀木皮、低甲醛水性木器漆
坐落地点：台湾新北市
摄　　影：赵志成

步入玄关，中式结合装饰主义的金属墙面熠熠生光，远观可见平滑质感，近看细节精致，两只西洋棋摆饰分置左右，仿佛透露几许童心。以黑白铺底的客厅，只拣取少量明色（鲜绿、亮银）点缀其间，并利用上繁下简线条收束视觉，利用绒毛地毯、缎布抱枕、窗帘等营造出温暖感。餐厅背景运用棕色木皮沉淀视觉，大幅画作反照出餐厅悬吊的水晶灯、餐椅下摆流苏、客厅水晶隔帘，形成一气呵成的奢华感。步入长廊，分置左右的主卧和其余二卧室，均以素白为底，配合深浅不一的纯黑、浅灰素材，仿佛缓慢推进的背景音乐，金棕灯饰、镶银抱枕，与猛然跃出的金黄窗帘、草绿地毯和桃红被褥，鲜明的诠释了主人的不同个性。

左：客厅
右1：空间透视
右2：餐厅

左：餐厅

右1：主卧

右2：次卧

Dengshikou residence transformation

灯市口住宅改造

设计单位：B.L.U.E.建筑设计事务所

设　　计：青山周平、藤井洋子、刘凌子、杜昀瞳、陈建盛

面　　积：43 m²

坐落地点：北京

完工时间：2016年9月

摄　　影：锐景

项目位于北京东城区灯市口附近的胡同里。L形的狭长房子夹在胡同老墙和一个二层高楼的外墙之间，居住着三代共6口人。改造通过增加大面积的天窗以及通透的玻璃立面解决原先的采光问题。一层根据人在不同功能空间的活动高度，自然形成了几个高高低低的木头房子。在保证每个家庭成员有着相对独立生活空间的同时，创造一个整体的连续的开放空间，增加了人与人之间交流的机会。通高的公共走廊部分和胡同相连，像是胡同街道的延伸。二层的儿童空间是另一个连续层叠的"立体胡同"，为孩子们在室内创造一个可以像户外一样开放自由的游乐场。通向后院的大门采用木质框架和透明玻璃，可以整体打开，任何时候都可以将庭院的风景引入室内，人的活动可以同时在庭院进行，室内外互通，与自然融合。

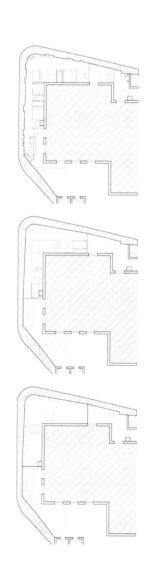

左：外立面

右：从外面望室内

左：休闲、卧室区
右：不同功能区域

Dushi Senlin

都市森林

设计单位：FEN+室内设计工作室
设　　计：张奇峰
面　　积：360 m²
主要材料：橡木木饰面、艺术涂料、鱼肚白大理石、金属收口系统
坐落地点：浙江宁波
完工时间：2016年8月
摄　　影：刘鹰、张奇峰

在别墅改建过程中，为了与自然环境相融合，设计师打开了部分墙体，扩大了窗户面积，以开放式空间设计，给人以开阔的景观视野和舒适的居住体验。简练的线条勾勒搭配通透的设计构成，让整个家充满了阳光般的生活格调。尤其是顶楼设计，作为自然光线最为丰富的地方，设计师把这里留给了儿子，卧室和阳光房的组合给了他自由、光明并且充满生机的空间，大面积的落地推拉门可以自由开合，让卧室和阳光房完美融合，为家融入了更多的自然属性。

通透的空间设计，不仅利于通风与采光，让整栋房子的每个空间都能与大自然完美融合。

增加了不同区域的互动与交流。而源自欧洲的经典家具，德国的橱柜系统，以及当代艺术挂画，家里的每一件器物都融入自己的思想和理念，组成了和谐时尚的人居艺术空间，透露出一种越简洁越精致的设计气质。在地下室，设计师保留了4.8米的层高，用壁炉、挂画和天井营造了一个会客的空间与艺术长廊。简约的设计风格不一定要冷淡，因为简约只是在通过减少物品以及杂乱的设计，让自己有更多的精力来对待自己喜欢的事情，并不是要减少生活的趣味，所以我们看到没有任何装饰的楼梯墙面，在灯光打开之后，那种光影的变化，让整个垂直动线变得丰富而活泼。

左：客厅
右1：客厅
右2：客厅局部

左1：餐厅
左2、左3：地下室局部
右1：地下室会客区
右2：主卧
右3：儿子房

Chun Feng

春风

设计单位：一野设计
设　　计：高原
面　　积：180 m²
坐落地点：广东东莞
完工时间：2017年4月
摄　　影：蓝灰

业主找到我们的时候，告诉我：她想给两个孩子一个快乐的童年和美好的成长环境，和自己丈夫决定为新生命创造全新的家。一个亲近自然的家，可以安逸舒适生活场所，温馨简约的家。

客厅是家的中心。在这里可联系厨房、书房和卧室，还有户外阳光花园。大面积玻璃让客厅和书房采光得到很好满足。室内空间和阳台花园相联系，同时创造出室内延续到室外视觉感受，以及把自然引入房间的效果。客厅、书房、餐厅互相之间连通。客厅沙发背景和原木立柱、灰蓝色墙面、木色地板，加上大量绿植、黑色书架、单椅与木色地板之间的互相制约达到自然的平衡和安静舒适的环境。为了能让女主人照顾到小朋友，时刻了解小朋友的动态，把厨房设计成开放式。厨房也是女主人最喜爱的地方，在这里她可以洞察一切，尽情享受美好生活快乐时光。

安逸是每个家庭所共同追求的，卧室也不例外。墙面上无须过多饰品，一本书、一杯咖啡、一束鲜花、一张沙发可以舒适待上一个下午，接受阳光沐浴。柳绿色的抱枕，米白色的床单，白色的单柜。一张黑白网格地毯，孩子的乐园，我心中的归属。

左：阳台休闲区
右1：客厅
右2：餐厅

左：书房
右1：主卧
右2：次卧
右3：卫生间

Beijing Jinmao Fu

北京金茂府

设计单位：朱周空间设计
设计团队：周光明、洪宸玮、朱彤云、冯盈洁
面　　积：445 m²
坐落地点：北京
完工时间：2017年4月
摄　　影：隋思聪

项目为一个叠拼的下层空间，而现代家庭的组成多数由父母、夫妻、小孩三代，在家的打造上，我们期待去平衡每位家庭成员的需求，而不倾向于单独成员的特定需求，这是基于中国家庭伦理的次序，也是希望这个家是每个成员共同的记忆，并且互相联结，却又互相独立。1层作为对外的第一层次，我们将空间敞开，除了在视觉上可以贯穿通透，也便于主客之间的交流，在空间分布上也确保了父母房的隐私及采光。2层为主卧及儿童房，通透的主卧空间，提供了主人更多使用功能，也让亲子可以更紧密联系。垂直动线的表现成为了现代中国别墅里面最大共同点，一样我们希望可以保留传统中的"进"的层次，而不失序。但在此次序里面，我们提供了现代家庭关系更紧密的联结。B1为此下层叠拼的一大特色，大面积且挑高的地下空间，切割出不同层次，将自然光引进，将"院"的概念往下，并把"景"从室外引进室内，垂直的大挑高生态墙，呼应了项目建筑的自然生态系统，并且满足了每位家庭成员的休闲与爱好。

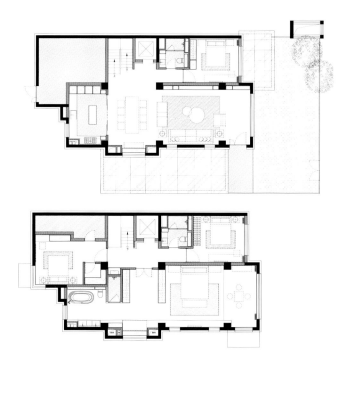

左：入门口

右：起居室一侧

左1：一层客厅
左2：夹层起居空间有着大量采光
右：一层开放餐厅以及厨房

左：二层主卧贯通

右1：二层主卧

右2：二层主卧浴室

Danmo Qiushan

淡墨秋山

设计单位：南京北岩设计
设　　计：李光政
面　　积：226 m²
主要材料：护墙板、黑钛、壁画、仿大理石砖
坐落地点：南京
完工时间：2016年12月
摄　　影：逆风笑

水墨与金色家具的碰撞，呈现出米芾笔下"淡墨秋山"的意境，空间的个性其实正是业主的性格和生活态度，淡泊而悠然。漫步于其中，设计风格融合了东方的人文与西方的优雅、现代与传统，营造出一种崭新而充满意境的新东方主义。

设计初期，业主并没有一个明确的风格需求，于是在沟通中努力让一切清晰起来。业主是偏爱中式设计的，但太过传统显然没有新意还容易带来沉闷的感觉，决定不走单一风格以时尚的新东方感设计来回归生活的本意。把传统中过于复杂和讲究的中式造型提炼并赋予其更强的设计感，墙顶面嵌入金属黑钛不锈钢，直接而干练的线条美如同中国绘画中的白描，没有明显的中式痕迹存在，却处处使人感受到灵动之美；墙面运用了中国水墨壁画元素贯穿整体，泼墨行云流水，带来典雅意境的同时又不失活泼现代。

左：餐厅
右：客厅局部

左1：客厅
左2：过道
右1、右2：书房细节
右3：主卧

Modern Art Villa

摩登艺墅

设计单位：金元门设计
设　　计：葛晓彪
面　　积：340 m²
主要材料：地砖、涂料
坐落地点：浙江宁波
摄　　影：刘鹰

走进这栋老房子改造的单体小别墅，仿佛来到家的游乐场，在斑斓的艺术空间中，色彩与形状相互交织，繁复之余，令人遐想。

进入玄关，顶上灯光采用可塑性很强的蓝色金属线条相互交织串联起来的灯饰，优雅的线条，和玄关上几何感图案的工艺品，一柔一刚，非常美好。几何板面蓝绿色地毯和台面上装饰画起到画龙点睛作用，这些由设计师自行创作的家具饰品，让人穿梭于抽象与具象之间，不同视觉上的突破与创意。

步入客厅，古典装饰条纹搭配现代罗奇堡家具，色彩丰富，随意又摩登有趣，形似 UFO 的茶几似黑珍珠般的贝壳光泽让人有坐下来细细品味的冲动。沙发背后几何屏风，是设计师平面设计和室内设计相结合的产物，打破了每个物件单色的局面，融洽地安置在房间的最后角落，房间顿时变得立体跳跃。而一旁白色护墙上安装的用亚克力做的绿色圆形灯饰，又像一个装饰品风光旖旎的静置在那里。

拾级而上，二楼首先映入眼帘的是一个家庭休闲厅，两排放满了各式书的柜子上展示了主人的喜好品位，纱幔随着微风徐来摆动，美妙而浪漫。休闲厅左边，双开门处便是主卧，简洁线条模糊了界限，各种经典影子清晰可见，它出现在墙面、床背等设计细节中。设计师时不时启用蓝灰色相近颜色，运用经典设计单品与当代艺术创作来翻新空间气氛，在不同元素间相互创造出趣味感、对比性以及同色调的组搭，装点出别具一格的居室空间。

左：过道
右1：客厅
右2：客厅局部
右3：客厅细节

191

左1：餐厅
左2：休闲空间
右1：顶层过道
右2：起居室
右3：卧室
右4：浴室

Zhongshu Bookstore

钟书阁

设计单位：唯想国际
设　　计：李想
参与设计：刘欢、范晨、童妮娜/刘欢、范晨
面　　积：1000 m²（上海芮欧钟书阁）/1000 m²（成都钟书阁）
坐落地点：上海/成都
完工时间：2016年8月/2017年5月
摄　　影：邵峰

上海芮欧钟书阁

一座繁忙的城市，林立乱象的霓虹灯是背景，人来人往，车水马龙，唯有斑马线在静静地护航与指引，而钟书阁芮欧店就位于上海市中心芮欧百货的四楼端头。

乘坐电梯来到四楼并向深处看去，就会看到钟书阁的字幕玻璃幕墙，隐约可见其中干净整洁的灰白色调和谐晕染，安静的光晕透过字幕墙的空隙传递出来。走进，你便知道这次钟书阁要讲的书的故事和斑马线有关，也正是上海这座繁忙城市的缩影。素色的混凝土映射出城市的马路颜色，白色摆书台横竖有致地静立路面，连接每个书台的地面画着一条条白色的人行横道线条，明确指引着书台之间的路径。满墙阵列的白色圆管每一根都可自由伸缩进墙体，通过这种机动性可以塑造不同样式的阵列图形，同时也映射了快速变换的社会现状。读者俨然进入到了一个城市空间，但这里没有车水马龙，只有安安静静的路与斑马线，还有在书台上落成山的书。因为斑马线好比那一本本伴随我们成长的书籍，在对的时间遇到对的指引，由此来表达书与读者的精神关联。

接承这个空间的是一个休闲阅读的长廊，有一排长长的公园椅子，书架设在两厢，书墙每隔一段就会有一盏路灯。慢慢行走在书的世界，累了，坐在路灯下的椅子上，静静安放精神在一本心爱的书上，正是这个空间想给予读者的阅读环境。

穿越这安静的图书公园，一条蜿蜒的路径贯穿4幢由书架构筑成的建筑，让读者穿越在真正的书之城池。在路径上可看到这里每一间"房子"的墙都由书架构成，并留有大面积的可透视窗口可以看见"房子"内的情景，房子内部则是一个个文化

艺术主题和相应的书籍馆。4间建筑内面积有大有小，小型的犹如安静的书房，大的可以容纳小型读书会。这里用书籍构建城市的模样，与外界喧嚣的街区不同，只有安静的读者与作者之间的隔空交流与感悟。书架之间的路径宽窄渐变，曲径蜿蜒间可见地面标示的斑马路线，恍惚间像是走在上海的百年街道上感受浪漫的情怀。

芮欧钟书阁用斑马线的概念来贯穿和引领故事的情节，从安静的马路街景到公园闲适的环境再到建筑群的精神空间，来表达繁忙浮躁的城市节奏下，书籍作为生活的陪伴，像是城市的各种功能与生活相关联，并且阐述像斑马线一样的书籍为我们的成长护航与指引。

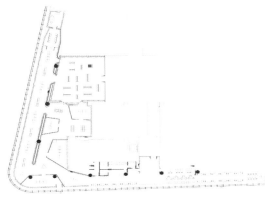

左：入口
右1、右2：地面画着白色人行横道线

左、右1、右2：书架墙构成的书的海洋

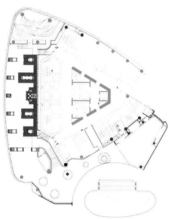

成都钟书阁

"万里桥西一草堂,百花潭水即沧浪。"大诗人杜甫用诗句留下关于成都的温润记忆,遍布大街小巷的茶馆里,可以一边听说书先生的滔滔不绝,一边品着地道的蜀地名茶,成都的街巷文化成为一道独特的风景,独一无二的悠闲自在贯穿于人们的生活中。

一直把重视文化作为标签的钟书阁,也来到了独具文化魅力的成都。项目位于成都天府大道上的银泰中心,从商场扶梯步入四楼,引入眼帘便是熟悉的钟书阁标志的文字幕墙,幕墙之后是一个由一根根"竹型书架"充满的空间。墙面则一直延续钟书阁沉稳的书架造型,让即使第一次来到这里的人也有莫名的熟悉感,地面一个个仿似"竹笋"的小摆台,活跃在这个寓意盎然的天地间。

穿过"竹林"的右侧便进入了儿童馆,一个丛林乐园般的世界。墙面上是一座座房子,风车和可爱的熊猫仿佛隐藏在竹林的背后,地面一条绵延不断的栈道上跳跃着一朵朵"大蘑菇",为阅读的小朋友撑起一把保护伞,当然镜面天花作为钟书阁的另一个标志也不能缺席。"竹林"左侧隐约可见的红色砖墙便是最具特色的地方,通高5米的空间,红色砖墙一砌到顶,围合成一个个独立的小区域,空中一条步行栈道穿插其中,时而绕墙而行,时而穿门而去。全落地窗旁散落着可供休息的座椅,在午后温暖的阳光下,品上一杯茶,读着心仪的书籍,惬意溢于言表。

走过"城区"端头,登上一步书籍的楼梯,便来到了演讲厅。一条条看似随意的线条组成了高低错落的阶梯,可行亦可坐。在镜面天花的反射下,组合成一个上下映

衬的"梯田",在这里可以听上一场启迪心灵的讲座,抑或观赏一部引人深思的话剧。

没来过成都,你不知道成都有多美,没去过琴台路,你不知道成都有多古。我们有理由相信,古琴台的故事一直会延续,文君卖酒、相如抚琴的故事仍然会上演,而钟书阁的故事也在继续着。

左:钟书阁标志的文字幕墙
右1:"大蘑菇"为小朋友撑起保护伞
右2:绵延不断的栈道

左、右：红色砖墙围合成独立的小区域

Xintong Leaning Mall

新通乐学城

设计单位：GOA乐空室内
设　　计：姚路
参与设计：黄文钜
面　　积：8000 m²
主要材料：黑钢、地胶板、地毯、防水涂料、柳桉木
坐落地点：杭州
完工时间：2017年3月
摄　　影：申强

打造有助于激发学习热情、培养学习能力的环境，对教育空间的设计来说至关重要。新通乐学城注重"让学习成为一种方式"。我们在设计中遵循着这一理念，致力于突破传统教育空间的设计模式，从而打造出灵动而多元、时尚且智能的环境。

项目共六层，超过8000平方米，是全国首家教育综合体。一层是接待区和休息区，二到六层则为教学区，开阔的布局宛如一方开放的生活空间。"寓教于景，开放圆融"，空间内部均用玻璃和木格栅作为隔断，取代了传统的实体墙面。其间不少场所都采用了弧形符号，优良的动线设计赋予空间以灵动。

"因材而设，沉浸多元"，整体空间灵动而多元，其间散布的小空间更是饶富趣味，充分满足了教学需求。而在选材方面，设计师选用的多为环保材料，木头来源于拆房旧料，整体材料均易于清洗和维护，不失为匠心独运的设计。

左：服务大厅
右1、右2：阅览区

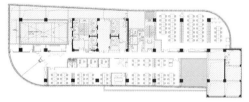
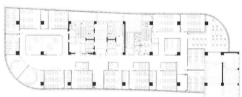
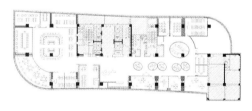

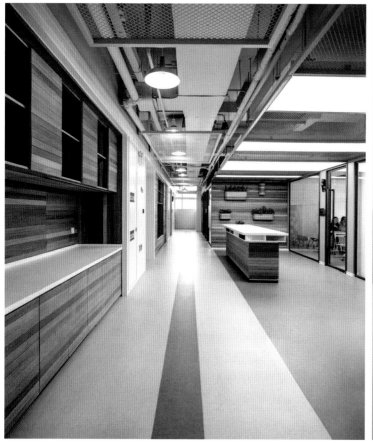
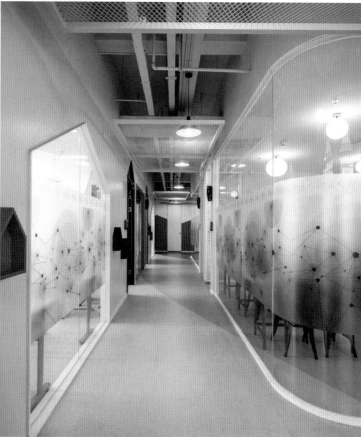

左1、左2、右1、右2：公共过道
左3：电子阅读区
左4：公共阅读区

Real Oriental International Kindergarten

正东方国际幼儿园

设计单位：十上设计事务所

设　　计：陈辉

参与设计：李彦超、钟海武

面　　积：830 m²

主要材料：瓷砖、白松、钢板、木地板

坐落地点：福州

摄　　影：周跃东

幼儿园是让孩子接受教育的场所，而不是一个色彩鲜亮的游乐区，用身心去感受东方的氛围，他们得到的不只是漂亮玩具，更要有对心灵的启发，这正是本案设计的宗旨。

左：入口
右1、右2：庭院

左1：色彩缤纷的装饰
左2、右1、右2、右3：温暖的阳光洒入室内各处

Beijing Museum of International Brewmasters Art

北京国际酿酒大师艺术馆

设计单位：竹工凡木设计研究室
设　　　计：邵唯晏
参与设计：杨咏馨、邵子曦、杨惠才
面　　　积：1700 m²
主要材料：砖墙、塑化木、硅藻涂料、美耐板、大理石、不锈钢氟碳烤漆
坐落地点：北京
摄　　　影：IVAN

老屋再生——酿坛北京岁月，延续老酒厂的醉人芬芳。

僻静林荫路一侧，大面积金属格栅墙外，藏酒木盒错落有致地穿插其中，阳光穿透至后方颇具年代感的厂房式建筑上，在不同皮层之间映照出熠熠光影，呈现饱含深度的立面质地。酿酒大师艺术馆位于北京市中心，为古典俄式结构的工业建筑遗址。它本是中国老牌龙徽葡萄酒的缩影，身躯经历了风雨沧桑，最终因为汰旧换新而退役。随后，一群人找到这个斑驳的容器，重新置入灵魂，凭借旧酒厂原址浓浓的建筑时空场域，以当代的设计手法重新型塑，企图创造更多酒与人、或是人与人的交流空间。昔，它是人们进行充满激情与活力的劳动创造的地方；今，它将重新加载这份精神，将中国酿酒文化延伸。

解构串联——以酿酒为概念，串接破除的实体空间中介。

酒的诞生，是老祖宗智慧的结晶，结合了土地、流水、火气、粮食等元素，倾注最重要的光阴，才能孕育出令人激赏的酒品。我们将这番浑然天成的酿造过程配搭空间格局，形成了"土、水、火、粮"四个场域，而每个空间因应功能的不同所产生的精神寓意也不同。因而空间与动线的规划就以土、水、火、粮的酿酒过程为出发点，在丰富多样的场域中蕴藏动态的时序性。推开隐身于隔栅立面内的大门，首先进入以"土"为主题的空间。土地是万物的母亲，它也是古窖泥，每一克的古窖泥里含有几百种到数亿个参与酒液酿造的微生物。透过两道以土方夯实的墙面矗立其间，营造出以时序排列的展示长廊，墙内侧的长形空间则作为大师酿酒工作室，供教学、传习、展示使用。接着，"水"的展演方式是企图打破

左：大面积的金属隔栅墙
右1：建筑外立面
右2：保留原有的大型储酒槽

传统酒类展示的一成不变，将旧渠道开凿翻新而形成一道汩汩流淌的静谧水景，运用流水、光影来催生情境，将这酿酒的血液以轴线方式延伸至象征"火"的酒吧区。

复旧再兴——保留旧时构筑肌理，赋予当代思维的场所精神。

一旁以"火"为概念设计的酒吧区，保留原有的大型储酒槽，它们是中国特有的诗酒文化催生地，在这象征水与火共生交融的空间中，可高雅独酌，亦不妨酒酣耳热，充分体现出中国人爱酒的真性情，酒杯里既藏着政客的权谋，亦有小民的生活，人间百态尽在觥筹交错之间。我们匠心独运地将其改造为一幢幢的独立包厢，再巧妙透过天桥的置入，活化了二楼坐席、茶室与藏酒酒窖。

馆厂的最后，以"粮"作为曲终的高潮。一地有一地之粮，于是一地有一地之酒，白高粱或红葡萄，各是浓缩地方特色最精华的滋味儿，所产之酒可运至他方，然而酒厂的记忆却只能独钟于此地。撷取"粮"的意象为艺术展厅的衬底，空间中本身就存在着一种秩序，上面留有特殊的旧五金，在这被整理过的纯白空间中，强烈的新旧对比下，企图冲撞出艺术展厅的当代性。不以完全的"旧"来表达废墟美，而是以暧昧模糊的手法去创造另一个"新"。

白色基调的空间内，旧时酿酒所需的圆形开口被转化为展品与观者互动，作为对话的构件增添了空间的自明性。二楼则设置开放性宴客场所，以"观戏"为概念，借大型传统戏剧挂画，营造新旧融合，现代中带有深厚文化底蕴的大气

空间。万物皆有其终始，生生不息，以酒的生命历程，观者经历了建筑的过去，亦体验它所被赋予的崭新面容，酿酒如建筑，有如时空凝聚的结晶。

左：旧渠道开凿成一道静谧的水景

右1：展示长廊

右2：开放性的宴客场所

Muba Bookstore

木咅书店

设计单位：B.L.U.E.建筑设计事务所
设　　计：青山周平、藤井洋子、杨易欣
面　　积：140 m²
坐落地点：北京
完工时间：2016年8月
摄　　影：锐景摄影

木咅书店位于北京亦庄文化园文化西路林肯公园商业沿街的二层，周边环境清幽，书店也因此隔绝于喧嚣而独立存在。木咅书店的核心设计概念是"大家的书房"。书房的传统意义是设置在家中供学习和阅读的空间，是私人化的场所。而"大家的书房"这一概念将私密的家中场所变为一个公共共享的空间。它在氛围上需要营造家的感觉，在功能上也要满足开放的需求，去建立一个温暖、亲切、自由、交流的共享"书房"。

由于原始空间较小，为最大限度地利用空间，加入了局部钢结构夹层的设计。主要的设计着眼点包括三部分，空间布局的延伸性、夹层间的互动性和功能的复合性。从入口的畅销书三层展示台开始，经过与之相连接的矩形方盒子内的中心阅读区到达 T 形楼梯，再直到二层，形成一条鲜明的中轴线。一二层的书架与制作茶水的综合吧台均布置在轴线两侧，形成了空间上的视觉延伸感。

因室内可利用的层高为 3.9 米，因此夹层的处理成为关键所在。设计后的夹层部分，一层层高为 1.88 米，二层层高为 2.05 米，夹层采用了"周边 U 形 + 中心十字形"的布局方式，其他区域为通高挑空。夹层部分 2 米左右的低矮高度，与挑空部分的敞亮，形成了一动一静、一快一慢的对比，也增加了空间的互动性。

中心矩形方盒子区域的一层长桌为阅读区，二层是兼具茶座与讲座沙龙的功能区域。同时综合吧台的区域，既有收银的功能，也可以制作咖啡、茶水兼储物等。书架的局部位置设置了卡座，读者可以自由坐下来休息和阅读，这些手法均实现了功能上的复合性，节省了空间。

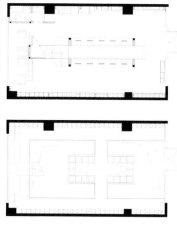

左：矩形方盒子内是中心阅读区

右1、右2：长条桌的阅读区

左1：走道
左2：局部位置设置了卡座
右1：楼梯口处设置了沙发
右2：温暖的木色

Meditation abode by the riverside

水岸佛堂

设计单位：建筑营设计工作室

设　　计：韩文强

参与设计：姜兆、李晓明、张富华、郑宝伟

面　　积：500 m²

坐落地点：河北唐山

完工时间：2017年1月

摄　　影：王宁、金伟琦

这是一个供人参佛、静思、冥想的场所，同时也可以满足个人的生活起居。建筑的选址在一条河畔的树林下。这里沿着河面有一块土丘，背后是广阔的田野和零星的蔬菜大棚。设计从建筑与自然的关联入手，利用覆土的方式让建筑隐于土丘之下并以流动的内部空间彰显出自然的神性气质，塑造树、水、佛、人共存的具有感受力的场所。

为了将河畔树木完好的保留下来，建筑平面小心翼翼地避开所有的树干位置，它的形状也像分叉的树枝一样伸展在原有树林之下。依靠南北与沿河面的两条轴线，建筑内部产生出五个既分隔又连续一体的空间。五个"分叉"代表了出入、参佛、饮茶、起居、卫浴五种不同的空间，共同构成漫步式的行为体验。建筑始终与树和自然景观保持着亲密关系。出入口正对着两棵树，人从树下经由一条狭窄的通道缓缓走入建筑内；佛龛背墙面水，天光与树影通过佛龛顶部的天窗沿着弧形墙面柔和地洒入室内，渲染佛祖的光辉；茶室面向遍植荷花的水面完全开敞，几棵树分居左右成为庭院的一部分，创造品茶与观景的乐趣；休息室与建筑其他部分由一个竹庭院分隔，让起居活动伴随着一天时光的变化。建筑物整体覆土成为土地的延伸，成为树荫之下一座可以被使用的"山丘"。

与自然的关系进一步延伸至材料层面，建筑墙面与屋顶采用混凝土整体浇筑，一次成型。混凝土模板由3厘米宽的松木条拼合而成，自然的木纹与竖向的线性肌理被刻印在室内界面，让冰冷的混凝土材料产生柔和、温暖的感受。固定家具也是由木条板定制，灰色的木质纹理与混凝土墙产生一些微差。室内地面采用光滑的水磨石材，表面有细细的石子纹路，将外界的自然景色映射进室内，室外地面

则由白色鹅卵石堆砌而成，内与外产生触感的变化。所有门窗均为实木门窗，以体现自然的材料质感。禅宗讲究顺应自然，并成为自然的一部分，这同样也是空间设计所追求的，利用空间、结构、材料激发身体的感知，人与建筑都能在一个平常的乡村风景之中重新发现自然的魅力，与自然共生。

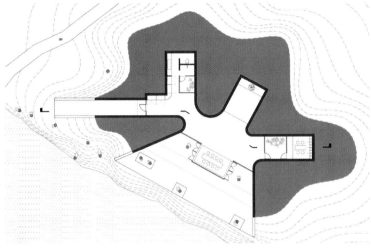

左1：夜景
右1、右2：入口
右3：前厅
右4、右5：内景

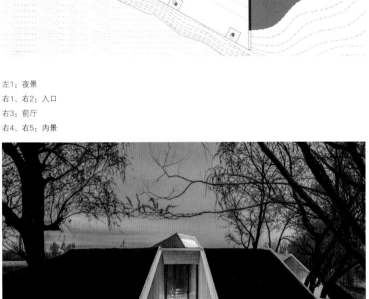

左1：庭院

左2：茶室如一幅画卷

右1：沿河轴线

右2、右3：佛祖的光辉

24, 25 and 26 Building of the University of Nottingham

记诺丁汉大学的二四、二五、二六

设计单位：高得设计

设　　计：范江

参与设计：唐君、丁伟哲

面　　积：8000 m²

主要材料：铝板、玻化砖、大理石、钢板、地毯

坐落地点：宁波

诺丁汉大学是万里教育集团整体引进的一所国际名校，校训是"城市建于智慧之上"，所谓的二四、二五、二六指的是 24 号教学楼，25 号千人报告厅，26 号国际会议厅。由我们来完成室内设计，与建筑设计同步进行，打造一个大气现代的智慧空间。

24 号教学楼是个弧形建筑，为充分体现年轻人的朝气蓬勃，运用纯净的物料，以白色、灰色、苹果绿的简明色调去演绎。大厅三层挑空，宽度达到 80 多米，白色顶面上采用如琴键一般的灰色凹槽阵列的方式。二层横空出现的悬浮空间略显突兀，设计的镜面不锈钢排线造型晶亮明快，弱化了悬浮空间给大厅带来的压抑感。二层、三层走廊的栏杆是波浪线，一长溜曲线与其他直线造型之间形成美妙的对比关系。苹果绿色彩除了营造气氛外还起到导示功用，示意着大楼的交通走向。学生们十分钟爱这个大厅，人来人往却十分安静。

教学楼外立面有一面面如小旗帜般的竖向长方形彩色玻璃，大厅也有与之相呼应的橙、黄、紫等鲜明色彩的家具。教室吊顶悬下一个个小巧的长方形灯具，使顶部具有飘浮的动感，普通的灯具却出色地完成了线形与块面的组合，各种设备及布线隐藏在吊顶中。各教室均是色彩明朗，气氛轻松，突破了一般教室的常规单一性。

25 号楼千人报告厅是学校开大型会议、举办演出和演讲等的综合性功能场所，整个建筑呈现不规则形，室内也顺应建筑个性，以白、灰、红色为主调，达成里外贯通。大厅地面是白色嵌灰色玻化砖切割而成的条砖，如钻石般向四面闪放，

一道5米高的红色墙面气势宏伟地矗立着，墙体也是不规则的切面，因为墙太高，施工放样有难度，这个棱角分明的造型几经否定，在我们坚持不懈的努力下最终得以呈现。

报告厅顶面是不规则的折线，墙体设计了不同间距排列的灯带。为完善功能需求，设计了专用通道以使后台人员顺利到达舞台，合理安排了化妆间、更衣间和候场室，使报告厅达到最有效的使用效果。报告厅右侧的圆形空间是贵宾厅，显得柔和圆润，既是嘉宾的休息区域，也做接待及小型会晤之用。墙壁上整齐排列的白色竖线条简约中不乏细腻，富有层次的同心圆吊顶悬下一个炫酷感的吊灯，由不规则的多角镜面锥体组成，裂变式的绽放，闪烁着金属的光芒。

26号楼国际会议厅是个圆形建筑，用中式元素的瓦片做饰面，简约的设计语汇体现含蓄的中国风情。一组镜面圆环形吊灯高低不一地悬浮在空中，使空间有了灵动的生气，靠楼梯处的镂空长方形漏窗，以拉丝黑钛不锈钢收边。

厅中的红色烤漆接待台如一枚红色印章，背景是整块的水墨纹瓷砖，由顶至地的铺设，如一幅立轴的水墨画。会议厅是学院内外高层人士进行探讨之所，入口两侧用紫檀木饰面，一层层同心圆的弧形会议桌便于相互平等的交流。空间以红色为主，波浪线花纹的地毯如飘逸的彩带，墙面饰以红色亚麻布软包，吊顶上的圆由大及小，层层跌落，最后出现的由多个水晶小球组成的吊灯，寓意璀璨梦幻的圆满收尾。仔细品味，中国历代将素、雅、内敛的文人审美立于最高地位，是设计师始终要体现在现代空间的那片诗意。

走在这偌大的校园，置身悦目清新的环境，浮现出很久以前穿着白衬衫的学生，在红砖围墙的操场内，汗流颊背地打篮球、奔跑、嬉闹。

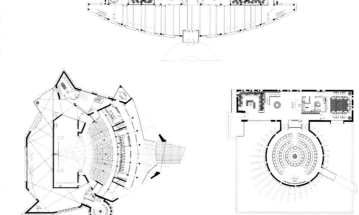

左1：红色墙面气势恢宏
左2：镜面圆环形吊灯高低不一悬吊在空中
右1：色彩跳跃的椅子
右2：会客室炫酷的吊灯

左：波浪线的走廊栏杆

右1：弧形会议桌便于同等交流

右2：报告厅

Changchun Planning Exhibition Hall

长春规划展览馆

建筑设计： 中国建筑设计院有限公司
室内设计： 上海风语筑展示股份有限公司
设　　计： 刘骏、曲鸣
面　　积： 建筑63000 m²/布展15300 m²
主要材料： 石材、铝塑板、纤维吸音板、吸音板、海吉布、地胶垫
坐落地点： 长春
完工时间： 2017年3月
摄　　影： 申强

长春规划展览馆位于长春市南部新城，建筑由中国工程院崔愷院士带领其设计团队领衔设计，以"流绿都市中绽放的城市之花"的设计概念来呈现，自由奔放的花朵式建筑形态的造型整体向上展开，开放的形态充分体现了长春城市的文化精神。

长春规划展览馆布展面积 1.53 万平方米，按照城市发展的时间脉络作为布展线索，一层是"城市历史与建设成就"篇，设置"春城概览""品读长春""百年长春"和"走进春城"四大专题空间，带观者品读长春历史的风华绝代、长春建设的荣耀与成就。二层是"国家战略与城市规划"篇，层层剖析长春在国家"一带一路"的战略背景下，城市规划的整体方针与规划布局。三层是"专项规划与未来愿景篇"，设置"通达交通""水文明""生态宜居""市政规划""数字长春"和"快进2080"六大专题空间，全面揭开长春交通的 规划体系、海绵城市的水文明建设、绿色生态格局的规划特色、市政基础设施的工程规划、信息数据支撑的数字长春以及未来生活的奇幻之旅。

整馆在展示的同时，融入了众多高科技互动体验环节，时光电车、"一带一路"的 VR 穿梭体验、全景交通水晶数字沙盘、能量单车、生态文明的二次元电容墙、能源矩阵、虚拟智慧城市双层立体成像、遨游未来城市空间等现代化的声光电展览项目，更深度地解读了"流绿之都、城市之花"。

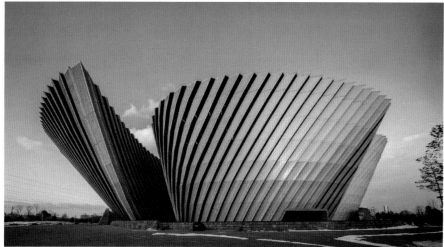

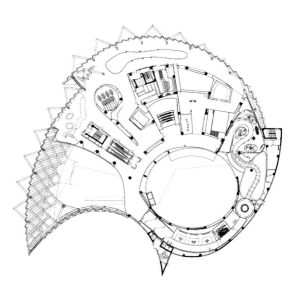

左1：建筑外观
左2：序厅
右1：老电车穿梭体验区
右2：老街场景复原

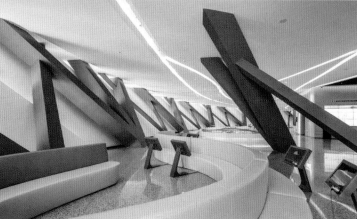

左1：绿色开放体验区
左2：富有通透感的廊道
左3：创意互动问答区
右1："快进2008"未来展区
右2：清新廊道对比超酷的空间展陈

Taipei VIPABC Office & Experience Exhibition Center

台北VIPABC办公室兼体验展示中心

设计单位: 上海大衡建筑设计有限公司
设　　计: 陈威宪
面　　积: 4600 m²
坐落地点: 台北

VIP ABC 是全球首创全年 365 天、24 小时在线的英语教学机构。由美国硅谷核心科技团队研发，实现独步全球的云端运算整合服务，提供优质且高效的真人在线互动语言学习平台。本案位于台北中心区域的罗斯福路古亭地铁站出口，每层面积有 1200 多平方米，包括地下室在内共有四层。

设计师打造的是一个充满未来感的体验展示中心，兼容展示客厅的时空交错的未来感，也包含员工趣味办公的灵活机动性。一楼的区域主要作为未来世界网络教学的示范体验区，地下室主要为讲堂区域，如哈佛讲堂。二楼、三楼主要是办公和员工休闲活动区，兼具对外展示的功能。

原先的结构只有 2.4 米左右的层高，空间格局都是小单元，为了做到视觉流畅，设计师把空间打通、开放，把原先的中庭变成户外景观。为了解决层高的问题，设计师把大部分的天花都裸露，不做太多的造型，以减少压抑感。从三楼到一楼设置了一个大型滑梯，直通一层的圆形地球 LED，旋转滑梯绕着地球滑下来，带来视觉冲击力和童真趣味。

在色彩运用方面设计师也十分大胆，在一个活泼的空间内整合偏暖调的几个色系，使用最纯的原色彰显不同功能区的性格，在适度的调和与把握中兼具了视觉的愉悦和舒适感。

整个设计不仅着眼于细部的装饰，更是用空间感、家具的区隔来制造一些互动关系，在分区明确的同时，用一些公共空间诸如中庭 LED、户外景观中庭、滑梯来串接，

融入非常童真的元素，如旋转木马、降落伞等，打造出自由奔放的视觉效果。

我们希望这个空间能让来客感觉兴奋，愿意长时间地呆在这个舒适的环境里，心领神会享受这种美感的体验。兼具了企业形象展示、活动、办公的几个功能，在氛围营造和细节打造中透露出用户对生活更高层次的追求，这是设计最重要的目的。

左：大厅
右1：中庭景观
右2、右3：员工活动区

左1：旋转木马

左2：降落伞造型

右1：高端交互体验中心

右2：哈佛讲堂

Chengdu Jinsha Buzhi Bookstore

成都金沙不纸书店

设计单位：XY+Z DESIGN/METRO STUDIO

设　　计：郭晰纹

参与设计：吴耀隆、吴宁丰

面　　积：2383 m²

主要材料：水磨石、免漆板、竹地板、拉丝不锈钢、瓦楞纸、透光膜

坐落地点：成都

完工时间：2016年10月

摄　　影：郑雷

这是我们设计的第二个不纸书店，称之为"不纸书店2.0"，较第一个不纸书店，她的物理空间更大，在"不纸书店1.0"的基础上，又增加了办公、展馆等功能。基于不纸的性格，我们心怀对一代伟大建筑师高迪的敬意，去强化不纸书店的艺术氛围。希望每一个不纸都有固定的性格与特征的同时，更要有创新与提升，什么是不纸书店？不只是一个销售中心，更是一个书店！纸摞成书，书堆成屋，"创世纪"是贯穿了两个书店的艺术主题，通过这幅13米长的巨幅油画，表达对于天堂、艺术、生命的尊重与信仰。

书店与售楼调性上还是有很大不同的，书店里的基本色调与灯光都是暖色调，而时光隧道却与众不同地呈现在书店中，由它连接起书店和销售空间，使空间有一个过渡感，它仿佛是从物质穿越到精神的一个通道，为人们指明走向文明的路，重归丰沃的精神土壤，给即将搁浅的精神更多生机。同理，书店中的旋转楼梯也是纯白色，仿似一条通往天堂的阶梯。另一侧销售空间大厅的沙盘区上方，高高吊起金沙飞舞的装置艺术，墙面的艺术树脂漆仿佛金沙流淌至地面，正贴合了设计始初的概念：川流不息，金沙不纸；生命不息，学习不止。

不纸2.0不同于前者的亮点在于我们提出了一个全新"家庭式阅读体验"的概念。每个家庭和每个人的需求不一样，父母与孩子对不同书的体会也是不一样的。怎么样能把一个地球的文化体现在这个项目中，是我们花费尽心思索的。阅读室恰好是五间，五大洲的联想在脑海中萌芽生长，将每一个洲际的相关书籍放入相应的阅读室，然后模拟出每个洲的代表区域、风貌、气候等。亚洲的代表地貌是蒙古大草原，代表朗朗晴天，代表动物是草原骏马；欧洲的代表地貌是阿尔卑斯

雪山，代表漫天飞雪，代表动物是高地山羊；非洲的代表地貌是沙漠，代表盛夏高温，代表动物是骆驼；大洋洲的代表地貌是太平洋，代表海洋季风，代表动物是鲸鱼；美洲的代表地貌是亚马逊雨林，代表雨季绵延，代表动物是鳄鱼。

绿色有机是我们的设计理念，保护动物更是我们对于生态保护的有力呼吁，我们把这些放进了不纸，渴望把对生命的感悟带给更多人。不只书店，不纸书店。

左1：夜景
左2：入口处的瓦楞纸背景和台面
右1：时光隧道仿佛是从物质穿越精神的一个通道
右2：纯白旋转楼梯通向知识的殿堂

左1：纸元素无处不在
左2：临窗阅读区
左3：欧洲的代表地貌是阿尔卑斯雪山
右1：美洲的代表地貌是亚马逊雨林
右2：非洲的代表地貌是沙漠

Zhejiang Conservatory of Music

浙江音乐学院

建筑设计：gad绿城设计

室内设计：杭州典尚建筑装饰设计有限公司

设　　计：陈耀光

参与设计：胡昕、刘伟、朱玉萍、项国超

面　　积：352967 m²

主要材料：木饰面、水磨石、金属铝板、乳胶漆、混凝土

坐落地点：杭州

浙江音乐学院的建筑依山而建，流动的线条像音符在山谷中跳跃。建筑的符号在室内继续延续，从墙面平面的飘带逐渐飞舞到空中形成立体的飘带，在白色宁静的空间中慢慢点燃观众观赏华美表演的情绪。观众厅内单纯的木色从头至尾拥抱着观众，紫色的座椅在温暖中透出华丽的色彩，飘带在观众厅变成坚实的体块，犹如整个音乐学院场地的等高线，不同层次的天花、墙面满足了声学和舞台照明的功能需求，也让观众沉浸到最初人类在山洞中欣赏表演的状态，一切只等大幕的拉开。

综艺楼整个建筑的功能是两个表演场所，一个录制节目的黑盒子和一个排练节目的小剧场。设计中希望用最单纯的语言来表达，门厅中用一个白盒子和一个彩色盒子来对应内部的功能关系。得益于建筑室内一体化的设计，使得我们可以调整采光井和墙面建筑空洞的关系，当这步完成，只要用涂料刷白就结束了。彩色的盒子对应到剧场内是体块的错落变化，同样一种语言由外至内，参差的座椅色彩将美同样带给表演者。

继续教育学院实际上是个学校的招待所和小酒店，如何用快捷酒店的造价做出有趣的设计是从头至尾在思考的问题，门厅中空间的重新塑造、大台阶上错落的台地、微微打开的客房卫生间、走廊中如指挥棒飞舞的日光灯，都是通过小小的改变来努力营造一个属于音乐学院的小酒店。

教学楼的建筑是凝固的音乐，反之凝固的建筑中应该能流淌出不同的节奏，混凝土、钢、木、涂料如同不同音阶的音符，在阳光的编织下形成不同的乐章，莘莘学子每日穿行其中，既是感受者也是共奏者。

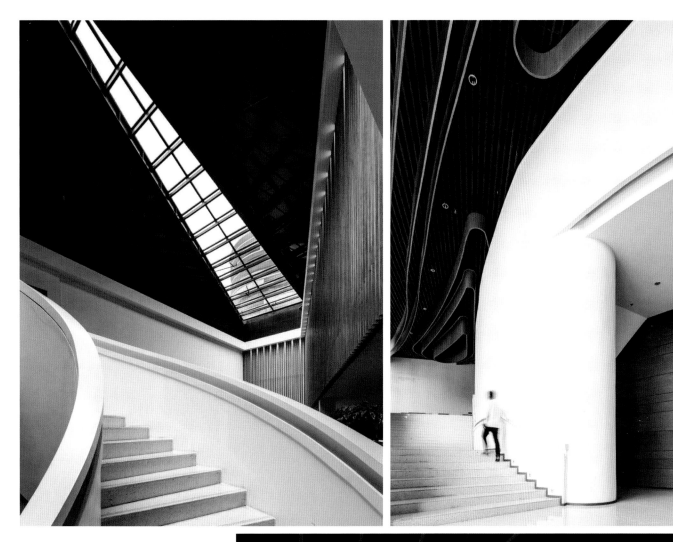

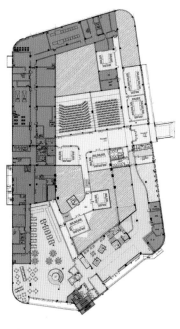

左：建筑外观

右1：楼梯

右2、右3：空中立体的飘带

左、右1：白色宁静的空间中点缀着木色

右2：华丽的紫色天花

右3：颜色参差的座椅

右4：墙体上开着大小不一的墙洞

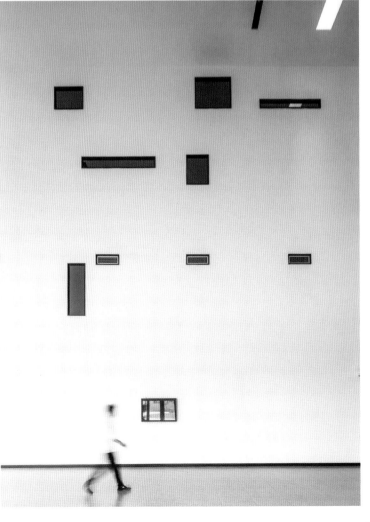

Wuhan Huafa-Chong Cheng Hui Art Museum

武汉华发中城荟美学馆

设　　计：秦岳明、肖润、何静、阮元缘
面　　积：671 m²
主要材料：麦秸板、水泥纤维板、木纹水泥板、艺术地坪、耐候钢
坐落地点：武汉

在武汉汉口金融街CBD，华发建了一家名为"荟美学馆"的公益美学馆。这家美学馆正试图与文化同行，与古人对话，以经典、珍宝的轮流展出为发展方向，成长为一家以互动、设计、艺术、文化及交流为主的当代美学展馆。

我们相信场地有其性格，它的性格来自于活动在其中的自然和人事，同时也成就这些自然和人事的活动。作为一家美术馆，希望它是静默、一言不发，甚至是拙于言语的。它不必以吸睛的外在夺人眼球，而是一种隐秘而谦逊的存在，不仅作为艺术作品的背景，同时可以与艺术作品互动与融合。它安静地隐藏在艺术作品背后，回避着人群炙热的探询目光和滔滔的独白言辞，也自在地接纳一切人事的发生。我们尝试用朴实、自然的设计语言，探寻属于美术馆的人文温度，唤醒访客对美的感知。

空间处理、功能划分、人流动线依然是关注的重点，整个区域被划分为接待区、咖啡吧、艺术展厅区、互动区四大部分。可容纳110位客人的咖啡吧设于美学馆入口处左侧，它的作用如同一个开关，将喧嚣繁华隔离门外，由此进入一个舒适放松的世界。在美术馆中间，我们设置了互动区。区域内有一整面植物墙和一个多功能台阶，可满足举办一些小型的相关艺术活动及作为访客休憩之用。此外保留了美术馆原有的位于道路旁边的后门，与主入口参观路线区分，便于艺术品直接入场布展和撤展。

整个空间无论是材质还是颜色的选用都力求简洁自然，极为克制。在材料运用上，选用木材、木丝水泥板等天然环保材料作为空间的表皮，凸显整个空间自然温情的质感。多功能互动区有高达 8 米的垂直植物墙，不仅可以缓解长时间看展、听课的视觉疲劳，也让访客感受到亲近与放松。在空间颜色的把握上，以青灰、绿、木色为主色调，营造出一种历经岁月沉淀后的清新与雅致。

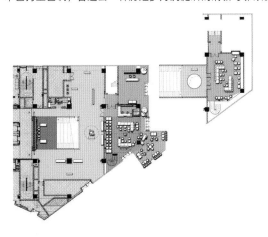

左1：空间局部
左2：垂直植物墙
右1：接待前台
右2：展览区

左：宽敞的台阶
右1：展览区
右2：互动区的地下室

The first MINI social-type office club in Shanghai

摩都首间MINI社交型办公会所

设计单位：素影设计顾问事务所
设　　计：王蔚
主要材料：乳胶漆、水泥砖、纸面石膏板、强化复合地板
坐落地点：上海
摄　　影：张大齐

如何塑造一个接近"半退休"状态的企业创始人应有的当下空间，当已将经营管理权的交接棒传到了年轻的第二代，从而站在一个更高更远的宏观视角去审视和规划企业未来的发展？这就是项目的设计命题。设计构想从这位上海"老克勒"在使用这个空间的画面感开始：在晨间，他可能坐在真皮和木制相结合的写字桌前翻阅当天的晨报；午餐后，他可能坐在缀满装饰铜钉的皮制沙发椅上喝上一杯现磨的奶咖；傍晚时，他可能兴致所至坐在铜色吧凳上为自己开启一瓶红酒；好友来访时，他可以邀友坐在麻制软包的休闲椅上品茗聊聊家常；股东来开会时，他可以与合作者一起坐在新中式的实木椅上品香研讨。

如何将以上这些场景所在的功能区域既能各自相对独立，又能使它们瞬间合二为一，同时还能使身处以上场景的人几乎都能做到"眼中见绿"？四片定制的仿上海老公寓钢门窗节点的雾面玻璃门、相差 200 毫米的台阶以及近 16 平方米整面的碳化木绿色生态植物墙使得以上需求成为了可能。

此空间没有被刻意运用 ART DECO 元素去渲染所谓的"老上海情调"，只是在进户门和卫生间门上选用了传统老上海的海棠花玻璃做了强化处理，再将不锈钢折边成框并电镀成古铜红色，就像中国传统水墨画一样，有时候看似随意的二三笔所能表达的意境远远超过下重笔的效果。自然绿色环保也是本项目内在的核心价值所在，主灯灯罩选用的均是由工业废渣再造的水泥灯具，固定家具全部是由工厂定制生产后送到现场组装而成，尽量减少工地施工时所产生的污染，定制产品占施工内容总量的八到九成。"如何将中国优秀的原创设计师家具和产品以最为恰当的方式融入到室内空间中？"这也是设计师一直在寻找的设计契机。在本

案中被精心挑选出的原创家具大都是经环保处理过的，不上油漆，仅施以木蜡油的胡桃木实木家具。在色彩选择中，大面积的"纯粹"淡绿色墙面成了突显优雅美感的咖啡色系家具造型的最佳背景，同样在水泥浅灰色的吧台前，老上海皮制家具也显现出与主人相符的低调气质。

最终，这间多功能MINI社交型办公会所被"浓缩"在一间不到55平方米的空间里，这也应了那句上海老话："螺丝壳里做道场。"

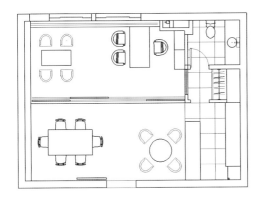

左1：进户门
左2、右1：吧台区
右2：碳化木绿色植物墙

左1：会客区

左2：仿上海老公寓钢门窗节点的雾面玻璃门

右1、右3：办公区

右2：卫生间

A corporate club

某企业会所

设计单位：禾易
设　　计：陆嵘
面　　积：1005 m²

企业会所，作为一个企业对外接待的高端场所。从实际用途上来讲，它是商务往来、合作会晤的重要平台。除了功能布局合理、满足使用要求外，恰如其分的空间印象，也肩负着向访客、来宾展示企业之精神与标准等的特殊使命。"锐意进取，挑战自我"是建设方的企业精神，这让设计师联想到攀无止尽的登山精神，延续"登山"这条线索，高山峻岭、延绵山脉……渐渐浮现于眼前。我们提取"山、云、鸟"等自然元素，进行创作再塑，做为其设计的专属符号。再于设计风格上，整体呈现出淡然悠远的东方气韵。

山形印刻在各种主题艺术画和摆件中，云纹图案从地毯一直蔓延到门的把手细节中。站在公共区的一端遥望尽头的房间，近近远远的格栅门构筑出一幅重峦叠嶂的画面，鸟儿盘旋翱翔在接待区的背景墙里。

材料选择上不在于华丽，而是更多去思考怎样的搭配与细节的处理，能凸显出精致柔和的细腻感；颜色控制上，端庄雅致是搭配的重点。以灰白色系打底，木色过渡，根据区域不同，用朱红、青蓝、竹青、赭石、亚金色等点缀区分不同的功能主题。灰白色为主的公共区域素雅静谧，添了一抹浅蓝色的贵宾接待区端庄沉稳中多了一分新意。红枫掠影出现在用餐区，丰富了用餐的氛围；竹青融合在茶室内，柔和舒心；青蓝的点缀令董事长接待区尽显气度不凡；赭红覆盖于红酒雪茄吧内的沙发，与墙面装饰画的那一点点蓝形成对比，让人的思维更显活跃；白色基调的卫生间从视觉感受上扩大了空间的延伸感，挺括的线条勾勒出明快的秩序感。

由遐想启迪、探寻、发现、思索、推敲，历经这一步步的过程，终于成就出这一个富有东方山水意境的新中式空间。对于设计师而言，每一个需要被用心对待的室内空间，何尝不是一场场勇登高峰、攀无止境的挑战呢？

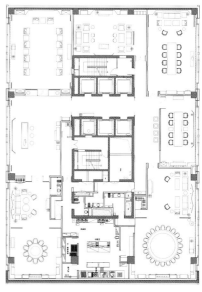

左：电梯厅
右1：山峦叠嶂
右2：接待室

左1、左2、左3、左4：细部呈现淡然悠远的东方气韵

右1：柔和舒心的茶室

右2：红枫掠影出现在大包间

Suzhou Linglong Bay. Chonger Culture and Art Center

苏州玲珑湾·虫二文化艺术中心

设计单位: 苏州市庞喜设计顾问有限公司
设　　计: 庞喜
面　　积: 840 m²
坐落地点: 苏州
完工时间: 2016年11月

虫二文化艺术中心所在的苏州万科·玲珑湾，是离苏州工业园区商务区最近、最繁华的成熟地块，具有其得天独厚的优势，作为园区知名的价值高地。万科有意将此打造为一个可持续且具创新力的、为业主服务的文化艺术交流中心。在以为业主服务为主的模式之外，汲取西方当代画廊艺术的审美诉求，以东方文化艺术禅意的语言，为简约的顶层空间赋型定调，达到中西交融，铸就新一代文化艺术交流中心。

虫二文化艺术中心的概念转化是"工业 + 现代 + 禅意 = 结合体"，即优雅黑白灰加上来自自然的色彩，高级灰因其神秘、高贵的象征是对极简风完美的诠释，空间整体散发着优雅的高冷感。背景色以灰色配原木色，再加上高层顶楼阳光或室内强烈暖光的照射，使其原本压抑的气氛消失，呈现出温馨感。

在空间上运用线条的利落设计，做到恰到好处，在现代极简中加入些老旧的元素，如太湖石、旧物等，以鲜明的对比去展现空间的魅力。经典的黑白灰搭配，暗合虚实相生的美学原则，简约中展现文人气韵，加入自然的原木色，营造出细腻高雅的氛围。局部高低层次的布局既增强了设计感，也让空间透露出曲径通幽的高雅气息。

休闲区和艺术展区兼容了内在的品质和外在的优雅气质，让当代人回归自身的审美和自我的意识。动感与平静、线与面、光与影交织展现。下沉式休闲空间设计将休闲区域巧妙融合，使整体空间大气简约，材料上主要以原木、黑铁为主，看似随意的太湖石局部点缀和真火壁炉的运用，于不经意中显出不凡品位。整个空间布局合理，活动区与适宜静心冥思的空间区域交叉布局，满足高端精神诉求的同时，畅享艺术文化的无界。

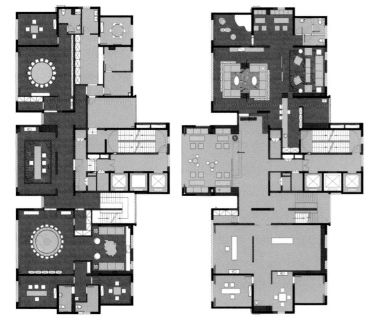

左、右2: 温暖的真火壁炉
右1: 包间

左1：楼梯处有太湖石的点缀

左2：博古架

左3：优雅的黑白灰色

右1：局部高低层次的布局

右2：就餐区

Health "Zen" Club

健康"禅意"会所

设计单位：深圳海外装饰工程有限公司
设　　计：吴开城
参与设计：林风景、黄海珠
面　　积：1300 m²
主要材料：橡木、大理石、夹绢玻璃、绢布刺绣、做旧铜线
坐落地点：深圳
完工时间：2016年10月
摄　　影：张骑麟

繁华喧嚣的都市，快节奏的生活方式。每个人都需要精神上的释放。这是一个可以静思冥想的空间，一个可以进入角色去健身、茗茶、歌乐和私人聚会的场所。

项目位于深圳湾科技园区怡化金融大厦，是一家金融企业的会所，会所主要功能是用于企业内部接待和开发布会，同时也是一个太极健康会所。设计采用"禅意东方"为会所的整体风格，摒弃烦琐的装饰，以太极为方向，注重自然、静寂、清雅的精神特质，净化喧嚣尘世中人们心灵的浮躁，追求天人合一的境界。空间小中见大，借景造景，运用色彩、灯光、材料的对比与搭配，演绎出太极阴阳贯穿到整体空间。设计中融入了中国传统文化，以"心静如水"的"水"和"淡雅如莲"的"莲"为元素符号，设计空间静谧中孕育着大气和淡然，突出健康、文化、茶道交流的精神。空间注重功能的同时强调色彩、材质、尺寸、细节及饰品等给人的五官体验与感受，打造出远离尘世喧嚣，质朴无暇，回归本真的高品质企业会所。

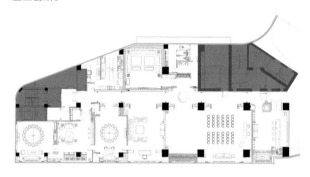

左：前厅
右1：圆洞的设计
右2：古色古香的家具和灯饰

左1：走道
左2：多功能区
左3、左4：红酒雪茄吧
右1：KTV室墙上的侍女
右2：贵宾接待室

Guangzhou Times South Bay Club

广州时代南湾会所

设计单位：KLID 达观国际设计事务所

设　　计：凌子达

参与设计：杨家瑀

面　　积：6000 m²

坐落地点：广州

生活的意义源于对生命中本质的追求，褪去华丽的外衣，摒弃一切的浮夸后，最终还是回归自我，回归生活的真谛。而"艺术"是人类对生命不停的探索，反复的辩论与思考，是对生活的实践与印证，最终达到自我思考的目标，完成艺术作品。"生活的艺术，艺术的生活"是本案设计的中心思想，目标是打造一个具有艺术气质的会所。

它不像绘画是平面式的呈现，而是像立体构成的雕塑一样。雕塑家是由三向度来思考与完成作品，本案以雕塑的手法来完成空间的设计，突破平面的思考模式，由立体建模来设计。"点"拉成一条"线"，再由"线"组成"面"，由许多不同角度的"面"组构成完整的"立体空间"。每一条线，每一个面，就像雕刻家一刀一刀精准地切割，最后完成的室内空间其本身就是一个艺术品。

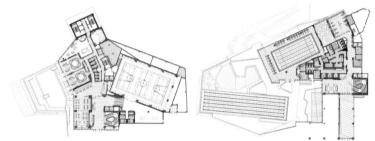

左：前台大理石马赛克的纹路

右1、右2：几何雕塑的体块

左1：楼梯本身就是一件雕塑品
左2、右1：多功能区
右2：富有层次感的天花
右3：泳池

Xi'an Central Palace Club

西安中央宫会所

设计单位：集艾室内设计（上海）有限公司
设　　计：黄全
参与设计：熊团辉、孙天俊、田克宇
面　　积：2400 m²
主要材料：欧亚木纹大理石、爵士白大理石、古铜拉丝不锈钢、木纹铝板、竹木地板
坐落地点：西安
完工时间：2016年12月
摄　　影：鲁芬芳

八川分流绕长安，秦中自古帝王州。西安是中华民族的重要发祥地和文化发源地之一。项目位于长安区，以汉唐文化为基础，打造国学书院，体验人文关怀。

当清晨一缕阳光倾洒进书院门厅，慵懒沉睡的人们都已醒来，时间刚刚好，浓厚的书院气息迎面而来。大厅区域两侧超高层的书架左右对称，而饰品陈设营造出皇家书院独有的仪式感和序列感。主入口处的大型艺术吊灯装置为设计的亮点，一片一片散落在空中如历史的印记，一步一个脚印见证着流传至今的悠远文化底蕴。中庭区博古架内陈设的艺术品代表着历史文化的博大精深，也是用一种直接的方式和文化符号去表达对历史文化的敬畏。负一楼设置了各种多功能分区，以艺术陈列区到书吧为重要展示部分，体现内敛雅致的文化气质。

以书院为载体来体验文人智士的绝代风华，游廊连接了以文化气息为主的书院特色和以轻奢生活方式为主的娱乐场所。整体布局动静分离，动者，争美誉万千，享年华无限；静者，听窗外风雨，看花开花落，品诗书无限。定义为"皇朝风范"的书院生活馆，以厚重的唐朝艺术文化为根基，融入现代西方文化，将陶瓷、书画等中式元素植入到现代建筑语系，将传统意境和现代风格对称运用，用现代设计来隐喻中国的传统。雅致的中式风格搭配现代的功能设施毫不违和，使空间呈现多样化和丰富性。细节的处理与整体空间的风格特点相呼应，如健身房采用半阳光房的设计，让运动和自然亲密接触，享受阳光的温暖。

遁世自在寻雅趣，偷得浮生半日闲。在人间半世辗转的喧嚣，似乎都可以在这里洗去。置身书院，仿佛置于有别于尘世的另一种生活，安逸、自由、悠然自得，

处处都有陶渊明"采菊东篱下"的隐逸。

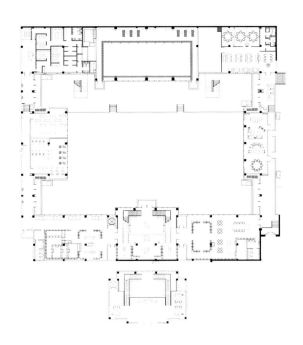

左、右1、右2：大型艺术吊灯一片片散落

左1：中庭
左2：大堂
左3：树景
左4：楼梯
右1：健身区
右2：大包间

Times Berlin Sales Center

时代柏林销售中心

设计单位：DOMANI东仓建设
设　　计：余霖
参与设计：高沛林
面　　积：2200 m²
主要材料：挂岩板、定制冲孔铝板、水泥定制模块
坐落地点：广州
完工时间：2016年8月
摄　　影：余霖、张星

销售会所以异化观念进行场所的体验强化，以便与消费者快速建立场所共鸣。

大平层的室内空间通过斜屋面造型进行体块的光线与关系切分，异化的顶部利于降低顾客对于层高的感性认知。而"透明性"是有趣的尝试，金属孔板的半透明性与内部结构的模糊表达使空间气质变得细腻。

装置题材是虚构城市的生成与拆解，以下的设计足以说明这里的全部。城市就像梦境，是希望与畏惧建成的，尽管她的故事线索是隐含的，组合规律是荒谬的，透视感是骗人的，并且每件事物中都隐藏着另外一件。

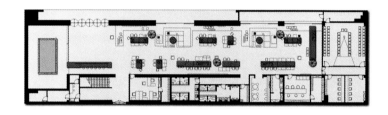

左1：入口处
左2：斜屋面的造型
右1、右2、右3：细腻的空间气质

左1、左2：细部
左3：悬吊的玻璃
右1：顶部半透明性的金属孔板
右2：局部空间
右3：活动区

Guanhaiwei. Roof Club

观海卫·屋顶会所

设计单位：宁波UI（优艾）室内设计事务所
设　　计：陈显贵
参与设计：马泸文、黄声琅
面　　积：230 m²
主要材料：实木地板、素色乳胶漆、瓷砖
坐落地点：宁波
摄　　影：阿锟

会所处于一座厂房的楼顶中部，原建筑层高较低，空间形态也是中规中矩，唯一让人眼前一亮的是所处的位置高度，周边基本上没有什么遮挡，建筑前后都有空地可做成花园。设计的任务是将这个建筑改造成一个具有东方韵味的会所，既能满足一般会所的休闲、聚会、社交等功能，又表达对清雅含蓄、端庄丰华的东方式精神境界及现代生活品质的追求。

会所的主要功能包括：茶室、餐厅、多功能用途的会晤空间。业主希望在这个有限的空间内完成多种使用的可能性，如日常会客、休闲、雅集以及中小型的聚会。东方基调的设计方向是业主的明确要求，但设计师没有用传统的元素去堆砌或者采用古法来设计，而是用当代设计的手法和空间序列，将东方文化中的诗意、雅致融入了舒适、人本的现代空间。

设计从规划入手，将景观、园林和建筑作为空间序列的基础元素，通过介入园林和建筑设计，提升建筑的高度，构建中西园林，让空间的尺度更加舒适，景观更为出色，并且让空间动线与整个场域融为一体。不仅改变了原先逼仄的空间体验，更以开放的结构将外部开阔的视野和再造的日式园林景观引入室内，完成对于中国传统文化中天人合一的理念导入。

会所的内部空间基调选择宁静朴拙的人文禅风，抛弃过多的装饰，用较少的元素呈现东方的意蕴，素墙、原木、白顶……简逸的情境中点缀着漏窗、竹帘、长案、香炉、茶具、枯草、书画。空间本身如同一幅意韵悠长的绝佳画作，草木树石，天光云影，历历可数。

对于自然光线的运用是项目的重点之一，借助顶楼良好的采光条件，以及从园林到室内的一体化构建，设计师将光线应用于室内氛围的营造，在不同的功能区域，通过运用不同的材料和设计手法，让光线产生丰富的变化。不仅空间的亮暗会跟随自然光和人工光的交替而变化，空间中人的视线也被精心的安排，通过隔断以及遮挡物的处理，人们进入这个建筑后，会在不同的时间、不同的角度、不同的视域中看到室内外景致和不同的状态，形成人、空间和景观的互动。

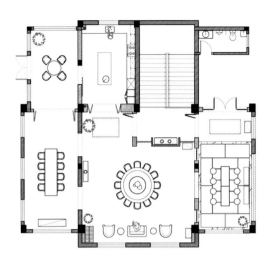

左1、左2：外景
左3、右1、右2：以木、藤、竹的原始质感传递温润朴拙的东方美学

左1：品茗室

左2：餐厅

右1：可聚餐，也可会客洽谈

右2：厨房

右3：阳光房

Bamboo Lining Shop

竹里馆

设计单位：南京名谷设计机构
设　　计：潘冉
面　　积：900 m²
主要材料：竹、泥灰、木板
坐落地点：南京
完工时间：2016年7月

"寒夜客来茶当酒，竹炉汤沸火初红。"这是宋代诗人杜耒的诗句。清香茶暖，此中儒雅正是宋人传递的悠悠风韵，令后世神往。当代浮世尽欢，亦有静心品味当下无边落寞者，竹里馆则为此而立。

一栋三层临街小楼，以魏晋之气为道，喻意君子的白竹为器，尝试一种搭建。搭建似乎更像游离在严肃建筑学之外的民间土木，而带来的空间体验正是将"散"放置在被重新梳理的空间秩序中，而最重要的因素"光"亦是被搭建所带来的"散"重新分解，而获得光线与空间的双重情感，"散"塑造出弹性的光线。

由外立面的竖向线条延伸至主入口玄关，形成侧向分流进入一层茶歇区，将竹用单一纬度的围合方式形成半空间限定区间，茶座布置在竹篱一侧，形成二方连续式的空间关系，由此聚合成一层的功能核心"篱园"。围绕着"篱园"的顶面竹篱发生着纬度关系的转变，并引导性地将吧台、服务动线等功能串连起来，与之前的功能核心形成咬合关系而最终指向通向上层的垂直电梯。

通往二层的交通增加了北边的步行体验式楼梯，氧化钢板制作的梯段，尝试在有温度的交互中保持部分冷静。二层茶歇区临窗布置，呈现较为稳定的状态，更易感受到光线透过窗棂散落桌面的诗话景象。向南的尽头由横竖交织的排竹分割出茶座与电梯厅，并由排竹将用作洗手功能的饮马槽托举而上，颇有四两拨千斤式

左：外立面
右1：步行楼梯
右2：吧台

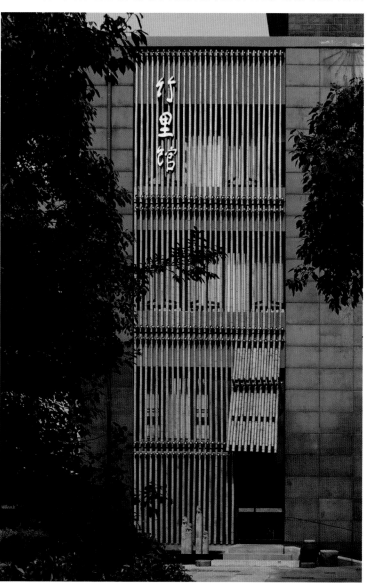

的巧力，水源从顶面透过竹管顺流而下，饮马槽的沉重之势被瞬间削减。二层包间区的入口被收纳在一个相对有压迫感的体量内，压迫是为了更好的释放。在没有自然采光的条件下，取西边分割包间与公共区的墙面凿壁借光，自然光线在通过茶歇区间后传递到包间内，不失温和透亮，白天被过滤后的光线在相对黑暗的空间内像一张开启光明的网。包间区过道内的墙面除了混合草茎的暖白腻子，亦有七百年历史的城墙砖陈设其中，行走其中体验时间的穿梭。包间内壁留白，取拙朴之姿态，给文人墨客留下足够的臆想与挥毫的界面。

三楼设置为独立茶舍，交通中置似林中小径，在南北进深三分有二处微微转折，借扭转之态，一个看似溪边草庐的建筑体离地而起，屋檐下探，竹窗由内而外撑起。在狭长的过道中，为获得"静谧中探寻"的行走体验，并有效地将自然光线引入到封闭空间，于是在黑暗过道背光面的上部，由竹篱叠加其中而形成的双层采光界面充当了解放黑暗的勇士。

入座，想起竹林七贤，想起耕读中的陶渊明，也许琴声起时，才是丰满。

Omni night club Taipei

台北Omni night club

设计单位：伊太空间设计事务所(台湾)
设　　计：张祥镐
面　　积：1155 m²
主要材料：烤漆玻璃、金属美耐板、石材、大理石、木皮、镜子、铁件、绷布
坐落地点：台北
摄　　影：图起乘李国民影像事务所

夜文化，城市丛林中最能抚慰人心的港湾，借由绚璨虹光的洗礼，忘却一身疲惫辛劳，因而全新亚洲概念店：OMNI, Taipei. 夺目再生。

几何再生学以探讨台北城市的样貌为出发点，解构建筑点、线、面的几何元素，透过简单的城市构成肌理，由规则出发至不规则的状态，划破黑夜的寂静。锐利的建筑线条以激光演绎，豪放的镜面与晶莹石完整诠释了高楼的剔透帷幕，彼此映照出夜幕的延伸，无限拓宽空间内无暇的视觉飨宴，而截然不一的版面取向，更记录着台北城内参差不齐的建筑更迭。任由电音快节奏地亲抚着身躯，感受城市居住的纹路，刺激观者最深层的腺体，用利落、激情、风度，完美建构旗舰气势。

视角再崛起。大胆嘶吼，放声狂野的夜视视觉，撷取地标性建筑101外观的彩虹光谱色为轴心，实践于感官变化，视觉一次又一次反复被上釉，宝蓝、绽紫、嫣红、翠青，层层交错，层层迷离，一如101层层向上迭构而成，再投入人佐以点缀，置身在城市空间中的建筑色彩与舒压人群，是演出者，也是观众，在空间舞台随着节奏一层层地震动，伴着影像释放能量。

音感再突破。夜店内缺"音"不可的潜规则，让声音成为时尚潮流的追随，OMNI 使用顶尖科技视听产品，有效加强音场深度与阔度，给予听觉难以抗拒的引力。

传承 OMNI 四个字母所代表的全方位设计，以点、线、面切入整合宇宙万物的印象，"智能""再生""永续"，透过此三结点，改变整座城市和街区的风貌，打造亚洲最经典的城市夜文化景观。OMNI 充满着蓄势待发的侵略性，以城市作为出发点，并再次延伸，即将再次座落于其他城市，再生。

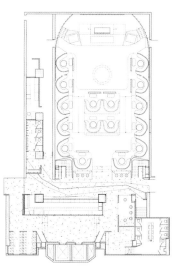
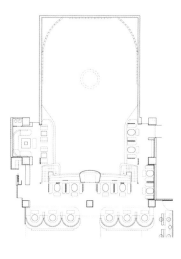

左：入口

右1、右2：点线面的几何元素相融合

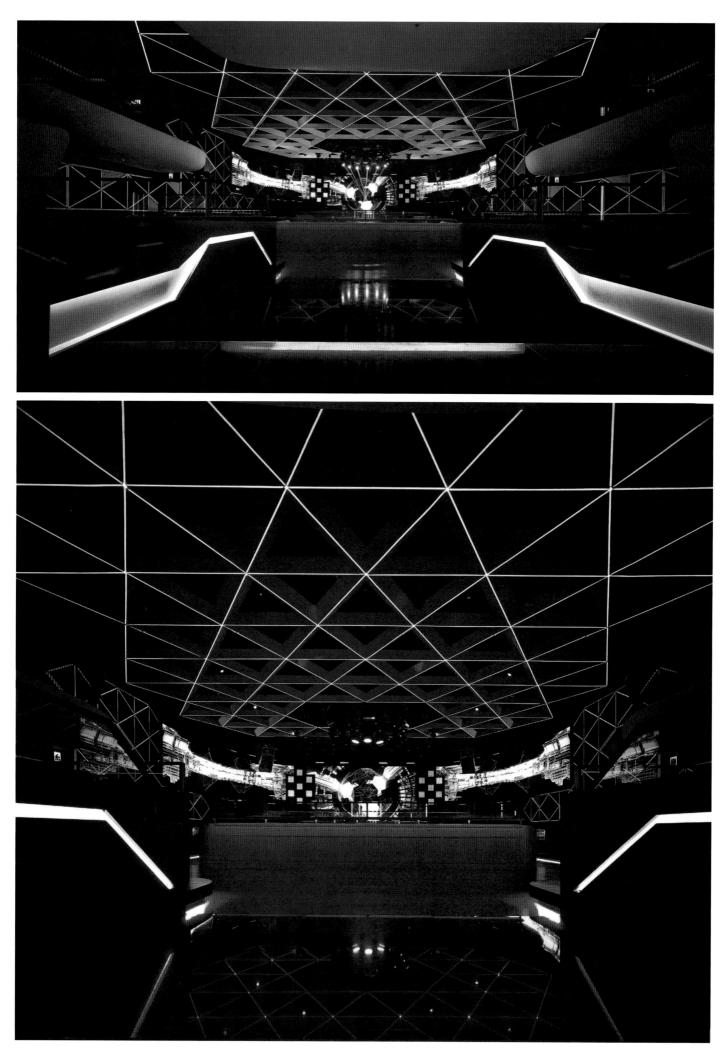

左1、左2、右3：顶面的三角结构

右1、右2：交错迷离的灯光

Kaifeng Huixian Building Space

开封会仙楼空间

设计单位：北京集美组
面　　积：2200 m²
完工时间：2017年5月

"妙手繁华入画图，神工再现宋时都。绣球阁下游人望，狮子楼头好汉呼。"一座城，一幅画，古都汴京的千年繁华，终归落于书画。一幅《清明上河图》缓缓展开，讲述千年前的老城。

河南开封，古称汴梁、汴京，七朝古都的更迭孕育出了这座城市。而位于开封市西北角龙亭湖西岸的会仙楼，紧邻清明上河园，有着极优的地理位置。设计师从空间、选材、色彩出发，结合当地历史元素，将房屋从居住的载体，转为历史文化的源，解构、重组，以现代的方式呈现出来。

灰砖、飞檐、红柱、黄瓦，以仿古外建筑为特点的会仙楼与临侧的清明上河园融为一体。内部遵循中式的左右对称，将前厅、展厅、电梯厅贯穿起来，弧面墙体在给空间一定收合关系的同时，又营造了景深，从视觉上扩大空间的尺度感。结合前厅两侧刻有清明上河园图画的老木雕艺术品，与屋外之景遥相呼应。书院中，定制的透光石屏风和活字屏风两两相对，将空间分聚成了两个部分，仿佛可以看到主人时而独自伏案阅读、时而宾友相聚的场景。

《清明上河图》描绘了北宋时期都城汴京以及汴河两岸的自然风光和繁荣景象。人、马、车、轿、大小船只、房屋、桥梁、城楼，笔笔精心。在这里，这幅绝美的画卷以金属雕刻着色的艺术表现形式展示出来，触今思古，以古之繁荣，映今之昌盛。

《东京梦华录》载："九月重阳，都下尝菊，无处无之，酒家皆以菊花缚成洞户。"

古人赞誉菊的高洁，偏爱养菊、赏菊、尝菊，在宋朝更是走入了鼎盛，这份韵律沿袭至今，可以说开封是一座菊城。设计师从此得到灵感，制作出了二层宴会厅的艺术品，绣线和珠片在橘色丝布上绘为菊形，直通屋顶。

红酒区，铜木结合的吧台，配以矮背的木作吧椅，中式盆景点缀一侧，不同的材质加以碰撞和结合，文气中多了贵气，贵气中又含着雅致，连着茶室、会客厅、厢房的竹影成林，颇有文人曲水流觞的古意。琴台楼阁、花语茶香，设计师将会仙楼的三层及夹层设为静区，禅意清雅，弹一曲《广陵散》，品一杯洞庭茶。

静下心来，形而下者谓之气，形而上者谓之道，重新探讨居所与人的关系，以对生活方式独有的认知，把握住空间的魂。鉴古而不仿古，用新的视角去重新解构汴梁城留下的精神财富，从而用全新的方式去展现出一种现代的古韵，这才是我们所构思的完整作品。

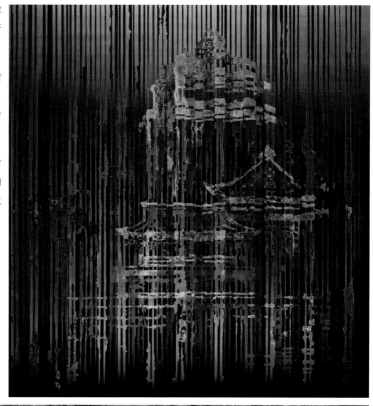

左：首层走廊
右1：二层艺术廊
右2：首层书院

左1：二层会客厅

左2：二层红酒屋

右1：二层棋牌室

右2：花语堂

右3：二层红酒屋过廊

右4：二层走廊端景

E Baking & Ren Yi Han Coffee Shop

E烘焙咖啡服务公司&仁义涵咖啡店

设计单位：哈尔滨深凡环境艺术设计有限公司
设　　计：张奇永
参与设计：关乐、刘佳、张怀文
面　　积：440 m²
主要材料：涂料
坐落地点：哈尔滨
完工时间：2017年5月
摄　　影：张奇永

最纯净的颜色并不是纯白色，而是白色中带有的那淡淡的说不清楚的蓝。做好最专业的事务并不仅限于技艺的通晓，而最难能的是运用技艺时的领悟和理解，如同精神的指引，使你所做的事务有了灵魂。

设计一间与咖啡有关的机构，用一种专业去解决另一种专业的需求，用一种创造去为另一种创造提供场所和氛围，非领悟和理解而不可及。

Espresso，意式咖啡的灵魂，"E烘焙"取其首字母，因意式咖啡的结缘，让一群有着共同目标的年轻人成为一个团队，成立了E烘焙咖啡服务公司，专注于咖啡领域的各项服务，致力于做好一家用心的服务型公司；仁义涵，是E烘焙咖啡公司的样板门店，店的名字取自经营者孩子们的名字，了解来源后，顿觉这更是一份融入了店主爱与希望的事业。

不知不觉中，随着咖啡文化近几年的渗入与人们对其的理解，一个时期的所谓风格似乎已逐渐被更迭，起初在与店主的交流中，我们希望听到他想要的东西。而恰恰是在经营者走过、看过、了解过，知悉了太多国内外优秀的与咖啡有关的场所后，他告诉我们更多的是他不想要的东西。在倾听的过程中，我们惊讶于店主的理性的同时，也渐渐懂得和理解了他的"想要"，他希望用最纯粹的环境，讲述咖啡；他希望这个环境不跟随、不浮躁，用足够的空间去遐想和给予、去引领最前沿的精品咖啡时尚。

咖啡的醇香亦或是制作醇香的机器，甜品亦或是蒙德里安，闲适的午后亦或是灵感，来到这里的人们各取所需。

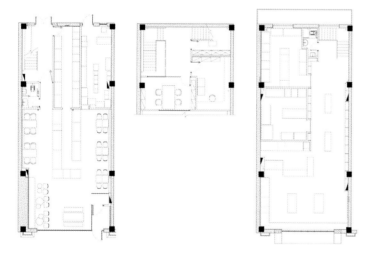

左：外立面
右1、右3：清爽的色彩搭配
右2、右4：黄色楼梯

ESPRESSO 8
AMERICANO
1i
CAPPUCCINO 16
LATTE 16
MOCHA 18

左1：内部空间
左2、左3：过道
右1：操作区
右2：风格和色彩清新宜人

YO!Tea Shenzhen Sea World Store

YO!Tea深圳海上世界店

设计单位：深圳市华空间设计顾问有限公司

面　　积：105.72 m²

坐落地点：深圳

完工时间：2017年1月

摄　　影：陈兵工作室

记得旧时好，跟随爹爹去吃茶，门前磨螺壳，巷口弄泥沙，而今长大，心事乱入麻。

带着坦然自若的表情行走在这个已经走了无数遍的街道，我们在这城市生活，不仅仅为了生存，我们还在寻找幸福，寻找内心的安宁。每当累了，就想找一个能放空身心的地方，三五好友，娓娓而谈。

有茶，不求门庭若市，只求简简单单，细水长流，致力于为顾客提供一个惬意的消费环境。本案设计师以时尚、简约、舒适的设计理念来打造一个属于大家的理想家园。路过店外，外摆用绿色植物围绕就坐区，适当摆放白色的桌子和蔚蓝色的椅子，搭配棕榈树般的太阳伞，为外部环境带来一丝静谧。闭上眼睛，阵阵凉风吹来，如置身在海边，清风徐来，水波不兴。转身步入店中，大面积的木色系奠定了空间的主基调，简约而不简单。空间以木色调为主色，偏亮、干净、整洁。后期加以绿色植物和新奇物件点缀空间，让空间丰富生动。在水果和茶的陈列展示上，放在能让顾客接触到的地方。让水果和茶同顾客产生交流，相互间的距离又更近了一步。

餐厅采用透明玻璃，里面的灯光与外面的风景相互衬托，空间无限被扩大，让坐在里面的人有着既视感，感受自然、简约、质朴的生活方式。点上一杯水果茶，放下电子产品，望着窗外来来往往的行人，何不是一面镜子般映射着自己的生活。

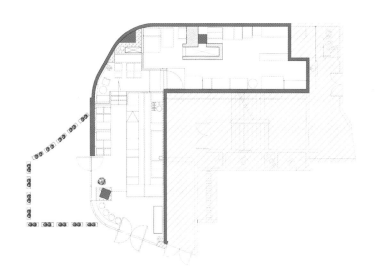

左：外摆用绿色植物围绕就坐区
右1、右2：室内以木色系为主色调

左1：点餐台

左2、左3：空间干净明亮

右1：绿植和小物件点缀其中

右2：粉白相间的椅子

Xiang Yue International Beauty & Health Customization Center

响玥国际美容养身定制中心

设计单位：温少安建筑装饰设计有限公司

设　　计：温少安、徐永惠

参与设计：黄敏莹、简家明、秦子超、彭静曼

主要材料：砖、瓦、石、树藤、树叶

完工时间：2017年2月

摄　　影：脸谱机构、侯耀

围绕"响玥"展开联想，亲和自然、天人合一、原生态为主题，营造富有诗情画意、花前月下、休闲美颜、养身之港湾。

从入门水、树、药浴材料的展示，到毛石弧形墙，中空金属叶片及楼梯造景等，朴素自然，原生态主题的书写。

采用砖、瓦、石、树藤、树叶等材质，近千年历史的女性主题石湾陶塑、书法、绘画、家具等艺术装置，表达传统文化与现代空间的结合。

依客人不同的需求，在空间策略中，以触觉为主，视觉、嗅觉、听觉为辅的配比手法，达到功能与审美相互触动的整体效果。

以养生为主题的照明设计，在视觉上给客人带来安静舒适的光效。灯光及色调，赋予空间源于自然却非自然的格调魅力。

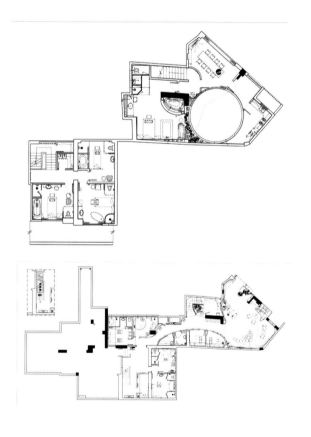

左：行云流水般的艺术漆墙面具导向性

右1：在文字中品生活

右2：粗犷的文化石墙面

右3、右4：女性题材的石湾公仔

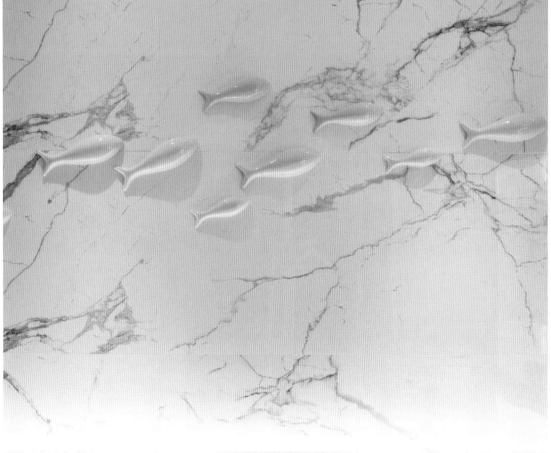

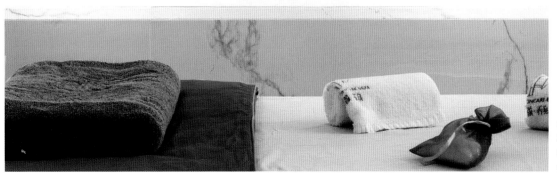

左1：在花香馥郁中泡浴
左2：墙上美丽的风景
右1：丰茂的树景壁画：清新、自然
右2：现代和传统的元素相结合

Huizhou Citic Ziyuan. Hot Spring Club

惠州中信紫苑·汤泉会馆

设计单位：台湾大易国际•邱春瑞设计

设　　计：邱春瑞

禅意盈满室

禅是东方古老文化理论精髓之一，茶亦是中国传统文化的组成部分，品茶悟禅自古有之。设计师以禅的风韵来诠释室内设计，不求华丽，旨在体现人与自然的沟通，为现代人营造一片灵魂的栖息之地。茶馆内以素色为主调，粗糙的青石板与天然纹理的木地板厚实而流畅，仿佛划过时间的痕迹，为整个空间带来一种大气磅礴的气势，以独特的姿态诠释着中式之美。

本案设计师将现代气息糅合东方禅意，将空间演绎为一个优雅的品茗空间，以"茶"作为引子，凝聚整体空间感，同时也延伸了空间体验。茶室各个空间用木格隔成半通透的空间，坐在包间内品香茗，心静则自凉。纵横结合脉络清晰，其复合性与包容性赋予空间无限的想象，呈现细致优雅的空间氛围及简洁宽敞的空间感。

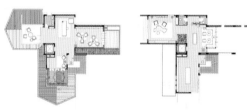

左：外景

右1：一层局部

右2：一层入口处拴马桩

右3：三层书房

左1、左2、右1：风格各异茶室

右2：三层图书室

Mozhao Tea House

默照茶堂

设计单位：陈品浩设计事务所
设　　计：陈品豪、周军华
面　　积：400 m²
坐落地点：浙江宁波
完工时间：2016年12月
摄　　影：一川黑水

此禅茶空间位于距今已有 1700 多年历史的天童禅寺内，寺院始建于晋朝，坐落在层峦叠嶂的太白山下，群峰抱一寺，一寺镇群峰，宝相庄严，晨钟暮鼓，心存敬畏。

禅寺有殿、堂、楼、阁、轩、寮、居 30 余个计 999 间，众厢房中，择一处居士生活用房，改造成茶堂，本着对空间"勿多陈列玩器，引乱心目，心目间，常要一尘不染"的态度，以少胜多，使禅茶空间清简而见明洁。取名"默照"，含静默、照拂之意。从禅茶一味到和静清寂。将空间消隐于环境之中，置身于茶室，是一种愉悦的体验，不再是人与自然的分界线，反而因为建筑空间的存在能更好地享受到真正的自然。

茶堂保留了原有的木梁结构，以竹席、书架、茶桌等隔成相对私密的空间，营造出平和、宁静、禅茶一味的氛围，形成了建筑空间、人与物之间的对话。扫地为何？为了净地。净地为何？为了静心。静心为何？方能见众生。一间茶室将都会的喧嚣之气抚得清宁。

群山环绕，云烟氤氲，廊腰缦回，古拙自然。使人仿若居山水间，"令居之者忘老，寓之者忘归，游之者忘倦"；置身此地，可以山水当画幅、古物做友朋。

一切，从从容容，日子从茶香里流过，佛光照拂，静默有礼。

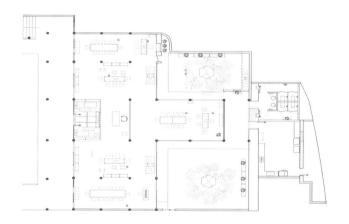

左：过道
右1：禅寺被群山环绕
右2：长廊

左1、左2：宁静的茶空间
右1：僧人
右2：过道

ONE DROP BAR

一酌酒吧

设计单位：本筑建筑师工作室
设　　计：倪振华
面　　积：150 m²
主要材料：特殊透光混凝土、钢板、镜面不锈钢、竹木饰面、旧木地板、涂料
坐落地点：无锡
完工时间：2016年9月
摄　　影：金啸文、丛林

ONE DROP BAR，一酌酒吧的所在地无锡运河外滩，为京杭大运河边的"无锡机床厂"旧址，1912年，荣德生始提自办民族机器制造业的构想，后有1938年荣氏企业的"公益铁工厂"及1948年"开源机器厂"，再至新中国成立后1952年更名为"无锡机床厂"，2007年被列为无锡首批工业遗产保护单位。

日本著名建筑师隈研吾于近年完成了它的整体建筑改造设计，酒吧位于二层结构跨度的正中央，设计师对隈研吾"负建筑"的哲学作了充分解读，将门脸的"过道红线"退让，获得了与室外二层原过道合为一体后形成的约40平方米的场域空间，并糅入20世纪60年代较为流行的建筑设计倾向——象征主义手法，呼应着彼时老厂房响应新中国大工业生产的时代背景。

设计师将东西方人文底蕴合二为一，以古代运输船的木结构船体及运河水、海水的水滴作为象征主义的形态语言，辅以雪茄的轮廓感和调酒师摇晃shake杯的动态轨迹，最终整合为一粒扁椭圆球体装置雕塑，并赋予通体镜面金属的材质，温和的嵌入带有特殊透光纤维的清水混凝土，白天它有如天外来客，将建筑中庭的土建构造物及各商家门店吸纳入怀，使建筑得以"消隐"的存在。当夜晚华灯初上的时候，混凝土墙面与球体相融的边界便渗透出柔和的椭圆光圈，随客人的远近走动变幻着虚实的微光，并选取试营业期间客人的网络评论作为元素制成纸片状海报，以不同角度竖向固定在外立面木饰面上，与客人形成场域的对话关系，如上演着一出混凝土表面的舞台戏剧。

酒吧室内空间，在混凝土斜梁底部以光的二次反射洗练出斜梁结构的跨度美，与7.5米长的木质吧台在秩序和纵深感上形成对应关系，并让完整保留下来的大工业生产字迹，得以在光环境下焕发新生，在包间内，透过顶面大小不一的镂空造型，可见到原始斜梁结构表面在半个世纪前由生产工人书写的红色标语，继续为客人做了情绪的铺陈。酒毕，微醺或未醺，客人们收拾行囊，出门复遇水滴和透光清水模，至建筑中庭又处处可见酒吧室内的红色标语，回望不锈钢椭圆球体如太空穿梭来到这里，则一整晚的品酒享用，似以戏剧收尾。

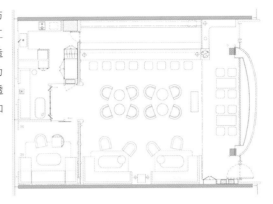

左：不同角度的纸片状海报
右：轴线

左1：7.5米长的吧台

左2、右1：斜梁结构表面还有以前工人书写的红色标语

右2、右3：空间局部

Su SHOW Renwen Yaji Dishes

苏SHOW人文雅集

设计单位：苏州苏明装饰股份有限公司
设　　计：林孝江、陈天虹
面　　积：700 m²
主要材料：黑麻花岗岩、黑洞石、夹绢玻璃、橡木成品板
坐落地点：苏州

设计方案的原点是苏州宅院，前后四进，空间分为左右两个重要的区域，即茶区和展示区，都充分体现出苏 SHOW 品牌对文化内核的诉求，展现出整个茶文化的感觉。茶文化所营造的小环境，借由茶叶与水所带来的土地、自然、器物、氛围等各种元素的碰撞，令人的五感在当下和想象中巡回通感，体现了文人雅士的闲情逸致。

整个设计构思围绕表现禅意与素雅、舒心与情调，尤其集中表现苏 SHOW 品牌立足新江南、寻回江南的雅集之旅。

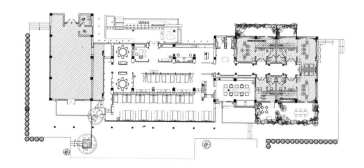

左：入口
右：餐饮区

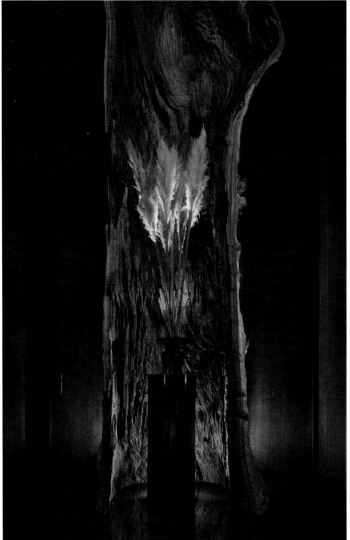

左1：公共区域走廊
左2：老树的装置
左3：隔断
右1：餐饮区
右2：进门订餐区
右3：休闲区

Xiran Tea House

汐然茶舍

设计单位：太合麦田设计
设　　计：张红卫
参与设计：张倩
面　　积：220 m²
摄　　影：刘鹰

清茗一杯汐然意，汐然，源自本案业主之名，也是由设计师团队完成的品牌策划。汐，与水相关，与潮汐相关，生生不息之意；然，与气相关，与自然相关，从容豁达之境。该项目处于城市核心的商圈，"亦古亦今"为设计核心，以中式传统的经典元素为基础，辅以现代的时尚元素，两相结合，设计既与周边的大环境相融合，又打造了茶空间独有的静谧特质，形成最佳的"汐然"氛围。同时也印证了那句"浅浅汐然意，浓浓沏茶香"。

甫一踏入汐然，满眼绿意，亭亭如盖，从入口处便抚静了喧嚣。充满中式意蕴的吊灯悬于大堂之上，极具悠然复古之意，宜古宜今的氛围古朴而又新颖。动、静分离的空间结构，尽可能把有限的空间最大化利用到极致。

打破原本的混泥土框架结构，采用拆房老木材来打造中国传统的梁架结构。老木材梁架不仅承载了沧桑的岁月印记，凸显了结构的形式之美，还拉伸了空间的视觉，可谓一举三得。地面则精心以老青砖和石板铺就，台阶古朴而又厚实，划满了时间的痕迹。合围的客人接待区素木桌椅古色古香，十足雅致的茶具，年份久远的陈茶好似穿越了时间的界限，这种繁花落尽的细微之美渗透了东方华夏几千年的文明，安静了世界的浮华。一条长达4米多的条形案台映入眼帘，这是茶室的公共区域，枯枝在角落中找到了支撑点，傲然萧瑟，美得别致，案台旁配以精美石凳，栩栩如生的图案，鲜亮的颜色并不跳脱，反而带动了空间的生机活力。

沿着青砖老木的楼梯拾级而上，抬眼间，你会遇见一条长达3米的鱼灯，自由自在地徜徉在空中，灵动活现，足以唤醒你内心某个角落的情愫。

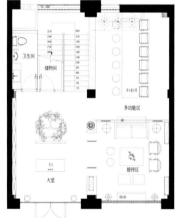

左：鱼灯徜徉在空中
右1、右2：4米长的条形案台
右3：红黄白伞形吊灯

转弯处，四间茶室以琴、棋、书、画为名。置身茶室，琴案上的古琴弦紧若游丝、材质上乘，一指空灵，隐隐传来或低沉或清如溅玉的琴声，携几知己情之所致，闻琴品茗，岂不快哉。棋如人生，以棋为名的茶室，早已设好棋局于墙面，静待有缘人来解局，围棋爱好的茶友们喝茶对弈，棋逢对手引为知己，知音难觅，在这儿或许实现了呢。藏书的茶室，宛若开辟了一片书海，精心收藏的古书、竹简刻书涵盖了天文地理、周易八卦、圣贤君王等，包罗万象，一应俱全，有兴致的茶友们还可以一展篆刻技艺。以中国水墨画卷、书法作品为主的茶室，供书画爱好的茶友们品鉴欣赏，内设公共区域的长案台为现场书画而备，悠悠书香，点点墨趣，与书为友，与友为乐。琴棋书画，诗酒花茶，每一个空间独立而又相互关联，似乎都在低诉着各自的故事，洋溢着迥然不同的文艺气息。而细节之处甚为用心，竹藤编制的纸灯笼、工艺考究的油纸伞、精心甄选的书画，无一不体现空间的气韵生动；做旧的木屏风、亚麻的门帘布、细竹丝的窗帘，展示了设计的精妙入微，让这个水泥结构的房子重获了新生。

淡中有味茶偏好，清茗一杯汐然意。来不请，去不辞，时间像藏好了最好的一片茶，在这样一个焦躁不安的社会，为你坚持一片净土，静待你的到来。

左：茶室

右1：枯枝在角落中找到了支撑点

右2：精美的石凳

Xiaozhitang Tea Club

笑知堂茶会所

设计单位：叙品空间设计有限公司
设　　计：蒋国兴
面　　积：500 m²
主要材料：藤编壁纸、原色木板、花格、麻绳

右1、右2：立柱
右3：茶室

笑知堂把握典雅的理念，布置以舒适、轻松、悠闲的环境，使身处其中的人沉浸在一种自由、亲善、清静的心态之中，体现出东方式的精神内涵和中国的文化底蕴。享受其中的世俗之乐，品味其间弥漫的茶韵、文韵、音韵、情韵和世韵。

茶楼装修的总体风格上，没有太华丽，但具有自己的特色。本案的色调为暖色系，白棕为主色调，红、蓝、绿为点缀色调，整体空间比较亮。空间中以白、蓝、粉为室内点缀色，营造出宁静的氛围。整体空间的软装饰同步背景音乐，使得环境更加舒适，闻着书香品着茶也是一种享受。仿佛为了应景，几个枯木摆放在一侧，仿佛闻到了一阵花香。走廊的后方有一个水景，白色的枯木、小型的假山是它的点缀，枯木上开出朵朵娇艳的花朵，意味着花朵在这种绝境里依然盛开坚毅的品质。利用枯木制作的衣架，用竹子编制的编藤吊灯，纯白色的百叶帘，蓝色的衣柜，具有古香气息，不禁让人心境平和。包厢，用白色花隔断做门，门前有纱帘作为遮挡，也增添了些许神秘感。白色压条与白色藤编壁纸结合，麻绳与灰砖结合的顶面，原木色的座椅沙发，从底到顶的黑白山水壁画，一切古朴而自然。顺着走廊接着走就是卫生间，直接转换成现代的视角，蓝绿色亮光面的墙砖，与白色的地面和隔断搭配，充分展现现代风格的美。

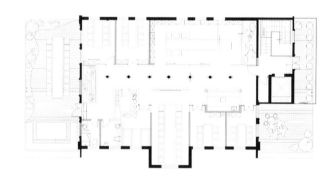

左：空间细部
右1、右2：立柱
右3：茶室

Cang. Sui Tea

藏·岁

设计单位：绣花针（北京）艺术设计有限公司

设　　计：张震斌

参与设计：张志娟、郭靖、贺则当

面　　积：1300 m²

主要材料：乳胶漆、金砖、楠木

坐落地点：北京

摄　　影：阮贞鹏

藏一片情，沉淀于岁月中。

"小隐于野，大隐于市"，繁华都市中的一条小路，灰色水泥建筑隐于其中，清秀、坚挺、朴实。在喧闹市井中，视他人与嘈杂不闻不见，保持着清静幽远的心境，喝的是茶，过的是人生。

清水建筑中，竹、石、缸，仿若仙境。静意，盎然而生。

左：静谧的佛像

右1：入口

右2：有佛堂的庄重感

左1、左2：中式门窗洞
右1、右2：空间细部

Harbin Xiaoye Hair Salon Xicheng Hongchang Store

哈尔滨小野造型西城红场店

设计单位：哈尔滨深凡环境艺术设计有限公司
设　　计：张奇永
参与设计：关乐、刘佳
面　　积：280 m²
主要材料：涂料
坐落地点：哈尔滨
完工时间：2017年1月

美发店应该是什么样子的？在我的观念里，美发店没有必须要成为的样子，它不应拘泥在以往的模式里。在继续与这家知名美发造型连锁店合作的过程中，我们想把这种观念灌输到这间店里，它不需用花哨的颜色和形状去表达，只须在设计的指导下完备功能、使操作和维修便捷并凸显专业性，同时拥有属于自己的一种腔调。想法简单，但实施起来要兼顾效果与经济耐用，在选材和工艺上要有严格的把控。这些"看不见"的设计，是一个项目里最重要的部分。

美发店里可以有饮品吗？没有一个标准答案，我只能说，有是更好，但前提是要有与之匹配的环境。清楚记得曾经在美发店等待过程中的无聊，无论是自己排队等待发型师还是陪同朋友，只有等，只能等，聊天也是干巴巴，有提供饮品但很单一，并且没有一个舒适的区域和氛围。客人们是有这份需求的，这种服务也于近些年陆续出现在一些美发店中，小野造型便是其中之一。既然将咖啡和多种饮品引入，那么就要有个休闲的样子，这其实是服务场所逐渐成熟、走向综合化服务、完备功能的一个典型例子。不仅是等待的客人，那些做烫染的爱美人士在烫染过程中，也很愿意为这种附加服务买单。

头部SPA同样是一种附加服务，且与美发造型店的属性更加契合，小野造型在这间店加入了这项服务。SPA服务其实是另一种独立的商业业态，有不同的空间设计指导思想。与刚需型的剪发不同，简言之，SPA服务更注重身心的放松与舒适的体验过程，营造的是一种简单安静的氛围。

美发造型是为了给人以全新的形象，我们想传递的也是一种新生的力量。简单、

清新、柔和的整体感虽没有很张扬，但却润物无声，言简意赅。成长是一个潜移默化的过程，不经意间便已枝繁叶茂。

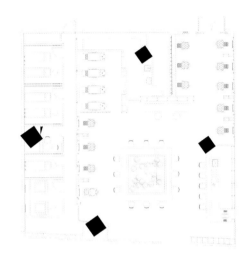

左：前台
右1、右2：绿意盎然的等候区

左1：收银台

左2：细高的镜面

右1、右3、右4：走廊内拱形的镜面延伸空间感

右2：柔和的灯光

Tea appreciation

赏茶

设计单位：善水堂设计
设　　计：朱伟、张雷
面　　积：70 m²
坐落地点：无锡

赏茶茶室坐落在美丽的运河外滩，避开城市的喧闹，回归质朴的恬静，典雅的氛围带来平静的感觉。麻质的材质，大地的颜色，让人脚踏实地，备感舒适。茶室四周摆放着各种精心栽培养护的植物与盆景，定制的家具简约却不简单。茶既是一种饮品，亦是一种文化。品其茶，观其人；观其人，择其友。赏茶亦赏人，这大约就是茶文化源远流长的奥秘所在。

室内设计提炼的东方元素传递着人文内涵。竹地板与山水绢画屏风，铁杉木隔断以及芦苇装置、石板、不锈钢等，在有限的空间里诠释了一种情怀，在现代的刚硬简约中传递着柔美与婉约。但凡有客来，都会送上一杯迎客茶，随季节不同迎客茶的种类也有不同。纤纤细竹，浑厚书法，叮咚鹿威，麻香茶香。静、淡、雅，这是境，更是心之静。

在赏茶，又不仅是赏茶，更是赏器，意在赏心。

鲁山人曾在《日本味道》中重复表达器的重要地位，再好的食材若是没有匹配的器，不如弃之。茶社的器皿均从日本、韩国、中国景德镇淘得。好茶，好器，以及茶师的温柔冲泡，方能称之为品。茶室主人梅花介绍说，一茶配一具，店里有多少茶，就有多少种杯子一一对应。这一茶一酒，一杯一盏交相辉映，也称得上是一件妙事了。茶室有各式各样的茶具展示：中式茶具，日式茶具，英式茶具，法式茶具，主张"所见即所得"，展示的茶具并不仅仅只供人鉴赏，而且会作为不同茶类的茶具供客人使用。

佛本无言，茶已入心，这便是赏茶的境界。

左、右1：茶室细部
右2：温暖的木质地板
右3：各种精心栽培的植物

左：水墨画的背景

右1：精致的摆件

右2：麻布的帷幔

Yunji · Zijin Mountain House

云几·紫金山房

设计单位：南京筑内空间设计顾问有限公司
设　　计：陈卫新
面　　积：1185 m²
主要材料：纸筋灰、榆木实木、防腐木板条、青砖
坐落地点：南京
完工时间：2017年5月

项目位于南京市钟山风景区石象路，紧邻梅花山，门前是大片的茶田，环境十分优美。

建筑原本是某公司的办公室，红瓦木板墙的美式风格。项目规划是中式茶室，所以从建筑外观上就做出了改造，将原本的红瓦刷成黑瓦，将木板墙拆除，刷成白色夹稻草的纸筋灰外墙涂料，使建筑更接近传统中式风格。

在庭院的改造上充分"借景"，保留了院子里原有的大型绿植，将原有的围墙改为竹篱笆，新做水景与原有河渠相连，使自然环境与现场融为一体。

建筑原本的门窗均已腐旧，我们按传统样式设计了全新的门窗：门采用传统木格夹玻璃样式，在符合风格的前提下保证室内的隔音与保温；窗户则考虑采用大面积落地玻璃的模式，使室外的景"进入"室内，达到人与自然的和谐相处。

在室内装饰设计上，充分发挥"禅"的意境，在整体规划上以稳定朴拙的实木家具打造安定静谧的聚会环境；在细节上则采用精细的工艺及独特的盆景花艺，丰富室内环境，同时与室外环境交相呼应，画龙点睛。

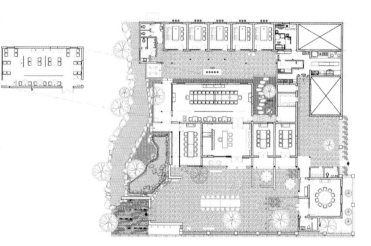

左1：大门
左2：矮墙
右1：内院
右2：外院小景

左1：内院

左2：檐廊

左3：云几

右1、右2：内部空间

设计师简介（排名不分前后）

邦邦、田良伟

邦邦，布鲁盟室内设计创办人、创意总监。
田良伟，布鲁盟室内设计设计总监。

北京集美组设计师团队

集美组一直试图与中国的经济高速发展保持距离而又身处其中，敏感而睿智，通过这种状态获得了一个极佳的角度来描绘本土新兴生活。我们一直秉持一种态度：帮客人解决问题。

毕路德

毕路德由杜昀（右）和刘红蕾（左）于2001年共同创立，"始于简单，止于至善"，通过自然、空间与人的相互对话，兼具灵动的创意与严谨的学术精神，开创"建筑、景观、室内"三位一体的全新格局。

陈辉

十上设计事务所总设计师，不喜欢墨守成规，追求设计空间上更多的可能性，在延续传统的基础上也希望能够打破传统，倡导个性化的量身定制空间。

陈品豪、周军华

陈品豪，宁波陈品浩设计事务所创始人，毕业于清华大学美术学院，中国建筑学会室内分会会员，宁波城市学院副教授。
周军华，宁波陈品浩设计事务所设计总监，宁波景行建筑室内设计执行董事。

陈威宪

中原大学毕业，上海大衡建筑设计有限公司建筑师兼总经理。

陈卫新

高级室内建筑师，高级工艺美术师，《中国室内设计年鉴》主编，《中国室内》编委。中国建筑学会室内分会理事，江苏省室内设计学会副会长，CIID第十八专委会（南京）主任。南京筑内空间设计顾问有限公司总设计师，南京观筑历史建筑文化研究院院长。

陈熙

安徽省和同装饰设计有限公司设计总监。

陈显贵

高级室内建筑师，高级室内设计师，中国建筑装饰协会会员，宁波UI（优艾）设计事务所董事设计师，上海八奢室内设计机构董事设计师。

陈耀光

中国建筑学会室内设计分会副会长，中国陈设艺术专业委员会副会长，浙江省建筑装饰行业协会设计分会名誉会长，杭州典尚建筑装饰设计有限公司创意总监，著名室内设计师。

丛宁

毕业于天津工艺美术学院，高级室内建筑设计师，高级室内设计师，中国建筑学会室内设计分会会员，亚太设计师联盟南京分会会长，南京市室内设计学会常务理事，江苏省室内装饰协会理事。南京大学金陵学院艺术学院特聘教授，天津工艺美术学院环境系客座教授。

大观国际

大观国际由王彦智先生于 2004 年在香港成立，专业从事室内外照明设计的独立机构，主导进行了多个国家级、地方级地标的照明设计。

范江

宁波市高得装饰设计有限公司总经理。

范日桥

上瑞元筑设计有限公司创始合伙人、上海事务所负责人。中国建筑学会室内设计分会第 36 专业委员会常务副主任，江苏省室内设计学会常务理事。法国国立科学技术与管理学院项目管理硕士，江南大学设计学院硕士专业学位研究生校外合作指导教师。

方钦正

上海纳索建筑室内设计事务所合伙人、创意总监，毕业于英国曼彻斯特大学建筑系。

高文安

香港建筑师学院院士、英国皇家建筑师学院院士、澳洲皇家建筑师学院院士；1976 年创办香港高文安设计有限公司；2003 年创办深圳高文安设计有限公司；2007 年成立深圳高文安企业管理有限公司。

葛晓彪

金元门设计创始人、艺术总监，跨界设计师，家居设计师，产品研发者。

葛亚曦

深圳市室内设计师协会轮值会长，深圳室内建筑设计行业协会理事长。2007 年，他从广告行业成功转型，创立 LSDCASA。

郭丽丽

上海丽凯装饰设计有限公司总经理。

郭晰纹

XY+Z DESIGN (SHANGHAI) 总设计师 & 创始人，米兰理工大学设计管理硕士，中国建筑学会室内设计分会第 18 委员会常务理事，注册高级室内建筑师。

郭锡恩、胡如珊

郭锡恩，加州大学伯克利分校建筑学学士，哈佛大学设计研究生院建筑学硕士。胡如珊，加州大学伯克利分校建筑学学士，普林斯顿大学建筑及城市规划硕士。2004 年，郭锡恩先生和胡如珊女士共同创立如恩设计研究室，一家立足于中国上海，在英国伦敦设有分办公室的多元化建筑设计公司。

韩文强

中央美院建筑学院副教授，建筑营设计工作室创始人。

何思玮、梁穗明

何思玮，普利策设计 & 壹方建筑创始人，中国建筑学会室内设计分会理事，设计商学院特邀导师，向世界出发旅游基金发起人。
梁穗明，普利策设计 & 壹方建筑执行董事，中国建筑学会室内设计分会会员，设计商学院特邀导师，向世界出发旅游基金发起人。

何潇宁

清华大学美术学院毕业，日本东京艺术大学硕士，顶贺环境设计（深圳）有限公司董事长。亚太酒店设计协会副秘书长，中国建筑设计协会室内设计协会理事，深圳大学设计与艺术学院客座教授，清华大学美术学院、中央美术学院、同济大学建筑学院及天津美术学院四校四导师活动指导教师。

何永明

2003 年创立何永明设计师事务所，2005 年成立广州道胜设计公司，广东省陈设艺术协会副会长，中国建筑学会室内设计分会第九专业委员会副会长。

洪德成

洪德成设计顾问（香港）有限公司创始人及董事长，DHA 国际设计联盟机构创始人，意大利米兰理工学院设计管理硕士，广东设计师联盟副主席，深圳市陈设艺术协会副会长。

洪约瑟

香港知名室内设计师，生于菲律宾马尼拉，1988 年成立 Joseph Sy & Associate Ltd。现任清华大学室内设计研究生班高级讲师，上海得稻大师学院高级讲师，DECO 设计讲堂和 TOP 软装饰设计讲堂特邀讲师，江西美术专修学院客座讲师。

洪忠轩

主题酒店设计公司负责人，HHD 假日东方国际负责人，深圳市室内设计师协会会长，29 届奥运会特许商业空间形象识别系统设计师全球负责人。清华大学、中央美院、同济大学、天津美院、深圳大学客座导师，阿拉伯联合酋长国阿扎曼大学客座导师。

胡洋恺

毕业于四川美术学院室内设计专业，2014 年完成伦敦艺术大学切尔西学院室内设计游学课程，梁仓文化创意设计有限公司创始人。

华空间

华空间是由一支有着创新基因的年轻团队建设而成，汇集创意，充满活力，发展高速的设计空间。主张用创造未来的方式去面对未来，用以人为中心的设计思维去发现和解决问题。

黄全

集艾室内设计（上海）设计总监，东华大学艺术设计学院专业学位硕士校外导师。

黄书恒

台北玄武设计主持人。

姜峰

J&A 杰恩设计董事长，教授级高级建筑师，国务院特殊津贴专家，中欧国际工商学院 EMBA。中国建筑协会设计委副主任，中国建筑学会室内设计分会副会长。先后受聘于天津美院、四川美院、鲁迅美院、深圳大学、北京建筑大学等高校，担任客座教授或研究生导师。

姜晓林

毕业于中央美术学院建筑学院，共向设计创始人兼设计总监。

蒋国兴

叙品空间设计有限公司董事长，苏州地区装饰设计行业协会副会长，国际生态环境设计联盟大中华区苏州地区主席，苏州托普信息学院客座教授。

琚宾

HSD 水平线室内设计有限公司（北京 / 深圳）创始人，中央美术学院建筑学院、清华大学美术学院实践导师，四川美术学院研究生导师，中国陈设艺术委员会副主任。

赖旭东

高等教育室内设计专业副教授，中国建筑学会室内设计学会理事及 19 专业委员会副会长，中国建筑装饰协会设计委员会委员，亚太酒店设计协会常务理事。新加坡 WHD 联合国际设计公司西南区设计总监，重庆年代营创室内设计有限公司设计总监，深圳市建筑装饰集团西南地区设计总监。

李财赋

古木子月空间设计事务所创始人，宁波装饰协会会员，宁波设计师协会理事，中国建筑学会室内设计分会注册设计师，国际生态环境设计联盟（大中华区）常务理事。

李光政

南京北岩设计公司设计总监。

李丽

毕业于英国伯明翰城市大学建筑系，唯想国际创始人，2015 年创立家具品牌，产品以环保、优质和传递快乐为核心理念，通过创意的手法展现闲适与幽默的视觉风格。

李益中

大连理工大学建筑系学士，意大利米兰理工大学设计管理硕士，深圳大学艺术学院客座教授。中国建筑学会第三专业委员会副会长，深圳十人"盒子汇"组织联合发起人，李益中空间设计创始人，都市上逸住宅设计创始人。

李昱

奇遇联合酒店顾问有限公司创始人，清华大学酒店高研班老师，毕业于伦敦艺术大学室内空间专业，文学硕士。

利旭恒

古鲁奇公司设计总监，出生于中国台湾，英国伦敦艺术大学荣誉学士。

连志明

北京意地筑作室内建筑设计有限公司设计总监，中国建筑装饰协会软装分会专家组成员，中央美院家居产品设计系实践课导师。

连自成

大观自成国际空间设计公司设计总监，大观茂悦国际装饰设计公司设计总监，英国 De Montfort 大学设计管理硕士，心 + 设计学社创始社长。

梁景华

毕业于香港理工大学，PAL 设计事务所有限公司创办人及首席设计师，美国林肯大学荣誉人文学博士，香港室内设计协会名誉顾问。

廖奕权

澳大利亚新南威尔士大学设计硕士，英国特许设计师公会专业会员，香港室内设计协会专业会员，香港设计师协会会员。2010 年创办维斯林室内建筑设计有限公司，2015 年成立香港欧德普有限公司专营超级游艇的室内设计。

林开新

林开新设计有限公司创始人，大成室内设计有限公司联席董事。

林森

浙江杭州肯思装饰设计事务所 CEO，杭州青年设计师协会顾问，高级室内建筑师，杭州室内设计协会理事。

林卫平

于清华大学环境艺术专业研修后，赴意大利米兰理工大学学习设计管理专业，林卫平设计师事务所创始人。高级室内设计师，亚太建筑师与室内设计联盟会员，国际室内建筑师与设计师理事会会员。

林孝江、陈天虹

林孝江，苏州苏明装饰有限公司酒店设计事务所设计总监。
陈天虹，苏明装饰总设计师，高级工程师。

凌子达

KLID 达观国际设计事务所设计总监，出生于中国台湾，法国 CNAM 建筑管理硕士学位。

刘骏

上海风语筑展示股份有限公司创意设计部总监，中国建筑装饰协会室内高级建筑师。

刘恺

RIGI 睿集设计创始人，毕业于东华大学，于 2007 年创办 RIGI 睿集设计。

刘卫军

PINKI（品伊国际创意）品牌创始人，中国建筑学会室内设计分会全国理事及深专委常务副会长，ADC 设计研修院导师，清华大学美术学院陈设艺术高级研修实践导师，全国高级陈设艺术设计导师。

刘阳

毕业于北京建筑大学建筑学系，现任大料建筑主持建筑师，希望以率性的方式做出"煽情"的设计。

陆嵘

同济大学建筑学硕士，上海禾易室内设计有限公司设计总监，中国建筑学会室内设计分会会员，上海市装饰装修行业协会装饰设计专业委员会委员，静安区两新组织女性领军人物联谊会理事。

吕鲲鹏

鲲誉建筑装饰设计有限公司创始人，毕业于哈尔滨工业大学，高级室内建筑师。

吕永中

毕业于上海同济大学，留校任教逾 20 年，长期致力于建筑室内空间及家具设计。中国建筑学会室内设计分会理事，吕永中设计事务所主持设计师，半木品牌创始人兼设计总监。

毛明镜

MAUDER 创始人、设计总监。

目心设计研究室

由孙浩晨和张雷合伙创立，提供国际化的建筑、室内、平面及产品设计服务，利用建筑逻辑性结合艺术语言将每个项目特有的性格、外形及空间展示出来。

内建筑

以孙云和沈雷为核心的内建筑设计事务所自2004 年成立以来，以来自舞台设计和建筑设计的不同教育背景以及多年来不同领域的实践经验，让作品呈现出更加丰富多元的创作思维，建立起建筑与室内的一体性关系。

倪振华

BANZH 本筑——室内建筑师工作室创始人。

潘及

IADC 涞澳设计公司设计总监，意大利米兰理工大学室内设计管理学专业硕士学位。

潘冉

名谷设计机构创办人，梧桐学社创办人，东南大学客座教授，国际室内建筑师联盟成员，南京室内设计学会青年设计师分会会长，老门东历史街区评审委员会装饰设计顾问。

庞喜

喜舍创始人，喜研 Life 品牌顾问，庞喜设计顾问有限公司创始人，中国建筑学会室内设计分会理事，苏州装饰设计行业协会秘书长。

彭征

广州共生形态设计集团董事、设计总监。

秦岳明

深圳朗联设计顾问有限公司设计总监，毕业于重庆大学建筑学专业，1999 年组建朗联团队。深圳大学艺术学院客座教授，《中国室内》杂志执行编委，深圳市室内建筑设计行业协会副会长，清华美院、同济大学、中央美院实践导师。

青山周平

生于日本广岛，毕业于大阪大学，东京大学硕士，建筑师。B.L.U.E. 建筑设计事务所创始合伙人、主持建筑师，北方工业大学建筑与艺术学院讲师。

邱春瑞

台湾大易国际设计事业有限公司总设计师，深圳市室内设计师协会常务理事，中国室内装饰协会委员，国际室内装饰协会理事会员，国际室内建筑师 / 设计师团体联盟会员。

邵乾

毕业于安徽建筑大学环艺设计专业，中国建筑学会室内设计分会会员，安徽工艺美术学会会员。

邵唯晏

竹工凡木设计研究室台北总部主持人，任教于中原大学建筑系及室设系，专长整合空间设计与计算机辅助设计，强调设计实务与学术研究并行的重要性。

宋微建

上海微建建筑空间设计首席设计师，中国建筑学会室内设计分会副理事长，上海农道乡村规划创作总监，中国城镇化促进会理事。

苏州一野室内设计工程有限公司

苏州一野室内设计工程有限公司创立于2006年，是专业从事室内设计，商业办公空间设计的综合性设计机构，其LOGO是"一野"英文单词"YEAH"的音译，传达了年轻人的设计思想以及朝气蓬勃的工作动力。

孙洪涛

中国美术学院国艺城市设计研究院副院长，SUN设计事务所设计总监，米兰理工大学硕士，中国美术学院讲师，浙江亚厦装饰股份有限公司 副总设计师。

孙天文

上海黑泡泡建筑装饰设计工程有限公司总设计师，中国建筑学会室内设计学会理事。江南大学和吉林建筑大学客座教授，东北师范大学美术学院艺术设计领域艺术硕士专业学位研究生导师。

谭宇霖

深圳谭宇霖室内空间设计创始人，深圳市中装设计院十所所长。

唐忠汉

台湾近境制作设计总监。

万浮尘

苏州装饰设计行业协会会长，FCD·浮尘设计创办人，浮点·创意餐厅和浮点·禅隐（中国古镇保护与发展型客栈）创办人。国际室内建筑师与设计师理事会苏州理事，中国"美丽乡村"苏州公益设计团队专家组组长，苏州经贸职业技术学院纺织服装与艺术传媒学院客座教授。

王琛、蒋沙君

宁波正反设计公司主创设计师。

王传顺

上海现代建筑设计（集团）有限公司副院长，上海现代建筑装饰环境设计研究院有限公司总工程师。中国建筑学会室内设计分会常务理事、上海专业委员会主任，上海市装饰装修行业协会设计专业委员会理事，上海市建设和交通管理委员会科学技术委员会委员。

王善祥

2003年创立上海善祥建筑设计有限公司，在进行建筑、室内及景观设计工作的同时亦从事艺术创作和家具设计等，主张"泛艺术"观念。

王蔚

素影设计师品牌策划机构创始人，国际室内建筑师/设计师联盟会员、中国建筑学会室内设计分会全国理事，上海建筑学会会员，上海市装饰装修行业协会装饰设计专业委员会常务委员。

王砚晨、李向宁

王砚晨，中国西安美术学院艺术学士，意大利米兰理工大学国际室内设计硕士，CLASSIC INTERNATIONAL DESIGN INC. 首席设计总监。
李向宁，意大利米兰理工大学国际室内设计硕士，CLASSIC INTERNATIONAL DESIGN INC. 艺术总监。

王兆明

哈尔滨唯美源装饰设计有限公司创始人，中国建筑学会室内设计分会副理事长。

温少安

中国美术学院创业导师，中国建筑学会室内设计分会副会长，高级室内建筑师，高级工艺美术师，跨界艺术家。佛山市美术家协会设计艺委会主任，佛山市建筑业协会装饰专业委员会副会长，佛山温少安建筑装饰设计有限公司策略总监。

吴滨

W+S 设计品牌创始人，W.DESIGN 无间设计首席设计总监。

吴峻

南京万方装饰设计工程有限公司总设计师，东南大学建筑系硕士，新西兰维多利亚大学建筑与设计学院硕士，高级建筑师，江苏省勘查设计协会室内设计分会副主任委员。

吴开城

深圳海外装饰工程有限公司首席设计师，国家注册高级室内建筑师，中国建筑学会室内设计分会会员，深圳市室内设计师协会理事。

吴文粒、陆伟英

吴文粒，深圳市盘石室内设计有限公司董事长，广东省家居企业联合会设计委员会执行会长，米兰理工大学国际室内设计学院硕士，清华大学美术学院艺术陈设高级研修班实践导师。
陆伟英，深圳市盘石室内设计有限公司合伙人，深圳市蒲草陈设艺术设计有限公司创始人，米兰理工大学国际室内设计学院硕士。

谢辉

ACE 谢辉室内定制设计服务机构设计总监。

谢剑洪

清华大学建筑设计研究院有限公司环境艺术中心主任；中国建筑学会室内设计分会常务理事、学术委员会委员、专家库成员；中装协设计委委员、专家库成员；《A+A 建筑 & 艺术》顾问编委；《中国室内设计年刊》《中国室内》、国家标准图集编委。

谢珂、支鸿鑫

谢珂，重庆尚壹扬装饰设计有限公司创始人，四川美术学院从事设计 23 年。
支鸿鑫，重庆尚壹扬装饰设计有限公司合伙人，重庆大学从事设计 19 年。

谢英凯

汤物臣肯文创意集团执行董事。

辛明雨

哈尔滨唯美源装饰设计有限公司设计合伙人，一级室内装饰设计师，工程师，室内建筑师。

徐梁

中国新锐独立设计师，梁筑设计事务所创意执行总监。

徐晓华

苏州黑十联盟品牌策划管理有限公司设计总监。

许建国

建国设计机构创始人，滨湖集团设计总顾问。

杨邦胜设计集团

是一家享誉全球的大型设计企业，总部位于中国深圳，并在巴黎、纽约、上海、北京设有办事机构，作为中国文化个性设计的领导者，始终坚持地域文化和东方美学的国际表达

杨林明

毕业于广东轻工职业技术学院环境艺术设计专科，现任职于创思国际建筑师事务所。

杨铭斌

硕瀚创研创始人、主持设计师。

姚量

YAO LIANG 建筑.空间设计事务所设计总监。

姚路

毕业于浙江理工大学，GOA 乐空设计总监。

叶铮

泓叶设计创始人、上海应用技术学院副教授。中国建筑协会室内设计分会理事、中国建筑装饰协会专家委员。从事室内设计教育 25 年，于 1992 年开创性地在上海艺术类高校中建立首个室内设计专业。

易和极尚

易和极尚是一家专业为房地产企业提供室内空间设计、软装陈设设计及总包执行的整体配套服务商，旗下拥有易和室内设计与极尚软装陈设两大品牌。

殷艳明

深圳市创域设计有限公司董事长，中国建筑学会室内设计分会第三专业委员会副秘书长，深圳市室内建筑设计行业协会副会长。

于强

于强室内设计师事务所总经理，中国建筑学会室内设计分会第三（深圳）专业委员会副秘书长，深圳室内设计师协会第三届理事会轮值会长。中央美术学院、清华美术学院、天津美术学院社会实践导师，深圳大学艺术设计学院客座教授。

余霖

高级室内建筑师，东仓建设董事合伙人，桉和韦森艺术陈设创始人，致力于室内建筑设计与空间体感的商业实践与当代实验性空间设计研究。

余平、孙林

余平，西安电子科技大学工业设计系教授，中国建筑学会室内设计分会常务理事。
孙林，亚太酒店设计协会常务理事，陕西省室内装饰协会副会长。

俞挺

国家一级注册建筑师，Wutopia Lab 和 Let's Talk 创始人，城市微空间复兴计划创始人，旮旯空间联合创始人。东南大学建筑学院和重庆大学建筑学院客座教授，清华大学建筑学硕士联合指导教师。中国饭店协会设计装饰专业委员会理事，国家科学技术奖励评审专家，上海市建设工程评标专家。

张灿

四川创视达建筑装饰设计有限公司创始人，高级室内建筑师。四川音乐学院成都美术学院教授，西南交通大学环境艺术系客座教授兼研究生导师，四川国际标榜职业学院环境艺术系教授。中国建筑学会室内设计分会理事，亚太建筑师与室内设计师联盟会员。

张健

观堂室内设计总监，坚持"每一个项目都是一件作品"的理念，设计追求创意与环保，坚持创新，坚持重复再利用，以循环的概念贯穿设计，力求以朴实、顺势而为的手法展现空间特点。

张健

2003 年毕业于上海交通大学获硕士学位，同年赴德国柏林艺术大学深造并参加工作，2010年与深圳、德国的合伙人共同创立 DIA 丹健国际。

张力

南京工业大学建筑系毕业，上海飞视装饰设计工程有限公司创始人，国际品牌与设计交流中心设计委员会上海地区执行副会长。

张宁

集美组设计机构总设计师，中央美术学院城市设计学院主题空间设计课程教授，中国建筑学会室内设计分会广州专业委员会理事，国际室内装饰协会会员。

张奇峰

FEN+ 室内设计工作室设计总监。

张奇永

毕业于哈尔滨工业大学艺术设计专业，哈尔滨深凡环境艺术设计有限公司创始人，中国建筑学会室内设计分会会员。

张仕松

盐城市青年书画美术家协会会员，中国建筑学会室内设计分会会员，中国室内装饰协会会员，江苏省室内设计学会理事，张仕松装饰设计工程有限公司设计总监。

张卫红

高级室内建筑师、太合麦田设计品牌创始人。

张震斌

绣花针（北京）艺术设计有限公司创始人，新加坡 WHD 酒店设计顾问有限公司董事设计总监，山西南方装饰艺术设计院董事设计总监。法国（CNAM）学院项目管理硕士，资深室内建筑师、生活艺术家。

张祥镐

第一届中华设计师上海工作委员会理事，伊太空间设计事务所设计总监，台湾室内设计专技协会副理事长，中华室内装修协会理事。吉林建筑大学艺术设计学院客座教授。

赵鑫

山西省室内装饰协会设计委员会常务副主任，2005 年深造于清华大学首届建筑与室内设计高级研修班；2006 年就读于法国国立科学技术管理学院（CNMA）项目管理硕士班；2008 年深造于清华大学酒店设计高级研修班。

郑钢

浩轩设计创始人、设计总监。

周光明

朱周空间设计（上海）创始人，巴塞隆那加泰罗尼亚理工大学建筑系室内设计硕士。

朱赋猷

伟麟室内设计有限公司设计总监。

朱伟

美国美联大学设计学硕士，德国包豪斯艺术学院访问学者，APDC 国际设计交流中心核心理事与苏州地区秘书长。中国建筑协会室内设计分会会员，苏州装饰设计行业协会副会长。善水堂创意设计创始人，中国建筑设计集团——北京筑邦建筑装饰工程有限公司苏州分公司总设计师。

主编
陈卫新

编委（排名不分先后）
陈耀光、陈南、高蓓、蒲仪军、孙天文、沈雷、叶铮、徐纺、范日桥、王厚然

图书在版编目（CIP）数据

2017 中国室内设计年鉴 / 陈卫新主编 . — 沈阳：辽宁科学技术出版社，2018.1
ISBN 978-7-5591-0439-7

Ⅰ . ① 2… Ⅱ . ①陈… Ⅲ . ①室内装饰设计 – 中国 – 2017 – 年鉴 Ⅳ . ① TU238-54

中国版本图书馆 CIP 数据核字 (2017) 第 243247 号

出版发行：辽宁科学技术出版社
（地址：沈阳市和平区十一纬路 25 号 邮编：110003）
印 刷 者：鹤山雅图仕印刷有限公司
经 销 者：各地新华书店
幅面尺寸：230mm × 300mm
印　　张：81
插　　页：8
字　　数：800 千字
出版时间：2018 年 1 月第 1 版
印刷时间：2018 年 1 月第 1 次印刷
责任编辑：杜丙旭
封面设计：上加上设计
版式设计：上加上设计
责任校对：周　文

书　　号：978-7-5591-0439-7
定　　价：618.00 元（1、2 册）

联系电话：024-23284360
邮购热线：024-23284502
http://www.lnkj.com.cn